想法

生长最美

陈春花 著

岳麓書社·长沙　博集天卷

生 长 最 美

想法

PREFACE

生长最美

前几日,我应骆医生的邀请,到上海的马桥镇看千年古樟树。这些古樟树是从王安石的故乡抚州迁徙而来。一位企业家,帮助古老的生命逃避修建水库的威胁,在一片新天地中苏醒生发。

看到几棵千年的巨大古樟树,树的主干需要六人或七人才能合抱,粗壮有力,沧桑虬结,透着千年风霜。为了迁徙移植,古樟树只能保留主树干,用大车运至上海,重新栽种。主树干用了三年的时间存活了下来,开始长出新的树权与鲜叶,青翠柔美,郁郁葱葱,展示着千年之后新生的欢喜。

一同迁徙而来的还有400年的古宅,我们漫步其中,仰头见巨树参天,低头见岁月留痕。淡淡的天色,云的影子虚渺;青青的砖墙,光的影子梦幻。从明清传到今天,任凭星月流转,任凭兵荒马乱,任凭世事变迁,树木繁茂依旧,老宅安稳如初,流淌荡漾着岁月安静、沉稳、华美的光。

这里位于上海的一角,主人最初只有一个想法,给千年古树和四百年老宅一个安处的地方,并未想过有什么用。随后安缦入驻,用一种纯粹的自然主义特征,新旧融合的魅力,将建筑融入古树古宅中。漫步其中,没有喧哗纷扰,只有寂静素朴,感受岁月留痕,生命与生命之间彼此欣赏与守护。

仰望千年古樟树,让我想到《庄子·逍遥游》的那棵被称为"樗"的大树,想到庄子的无用之用,想到庄子希望这棵树长在"无何有之乡,广莫之野",不必担忧被砍伐,被拿去做"栋""梁"。正如蒋勋所言:不为他人的价值所限制,不被世俗的功利捆绑,庄子哲学的核心是"回来做自己"。

眼前的千年古樟树,该是那棵"樗",不斤斤计较在别人眼里的价值,超越了人的世界,在自然的高度彰显生命的意义——回来做自己。

我经常背诵赫尔曼·黑塞的《树木的礼赞》,他写道:"世界在它们的树梢上喧嚣,它们的根深扎在无限之中;唯独它们不会在其中消失,而是以全部的生命力去追求成为独一无二:实现它们自己的、寓于它们之中的法则,充实它们自己的形象,并表现自己。再没有比一棵美的、粗大的树更神圣,更堪称楷模的了。"我特别希望自己生活在一棵大树旁,还好,朗润园有一棵近200年的梧桐,承泽园有一棵近300年的流苏,时时仰望并与其对话,让我也有了树的感悟。这是生长的力量,没有喧哗,不求奢华,只是沉静顽强地生长,长成了参天大树，长成了林海，也长成了岁月，记录了大自然千变万化的痕迹。

生长，正是万物生命的本分，一个细小的种子，没有一点犹豫，没有半点自怨自艾，无论在何种环境之下，都竭尽全力去生长。事实上，生命以生长的方式呈现出来，紧紧依附在生长的力量之中，也许孤寂，也许蓬勃，以这种方式避免自己停留在昨日的状态，不断跨越昨日的自己，生命才有了意义，因此，才有了万千世界浩大壮丽的风景。

生长，也是自然的法则。是的，唯有生长，才呈现出纷繁多样，变幻神奇；唯有生长，才可以感知变化，想象未来；唯有生长，才能展示力量，破茧成蝶；唯有生长，不再懦弱，充盈丰盛。除此之外，那些困扰与阻滞的一切，都只不过是借口而已。

我们所要担心的，不是这些外在因素，而是对生长的信仰。当我们安静地去体悟自身、感悟自然，你可以从任何一个角度体察到生长带来的变化的信息，这些真实而具体的感觉，总会带给我们感动、惊喜，有时甚至是悲伤。这也构成了我们自己内在的丰富性，让我们有能力与周遭的一切共存共生。

在纯粹的生长中，生命会获得超乎想象的可能性。它也许会以各种形式出现，会遭遇各种挑战和冲击，但是，只要专注于生长，确信生长的力量，生命所创造的奇迹，就非凡而隽永。乔治·沃尔德写道："30亿年前的地球上，有了立足点后，初代生命体踏上了进化的壮丽旅程。"这趟壮丽旅程，让其"抓住了自己在地球上的未来"。

这也是以"生长最美"为主题整理编辑此书的原因。我特别感谢中南博集天卷副总经理王勇先生以及他的团队，如果不是他的倡议和坚持，我就不会做好出版此书的准备。我也要特别感谢王贤青老师，他为此书的出版做了很多专业的工作，并帮助其协调和推进。最后我还要感谢秦朔、薛兆丰、何刚、刘润四位老师，当他们得知此书有可能让青年人受益良多，欣然写下了推荐语，他们的"加持"让本书有了不同的意义。

全书是以我的日常分享为基础，也整理和编辑了我的其他书的相关文章，更多的是我和年轻学生们的交流。我们之所以羡慕"年轻"，是因为年轻意味着"未来"。但是，你拥有未来不是因为年轻，而是因为你拥有一种能力，这种能力叫作生长性。所以，我更希望这些文字能够启动你自己有关生长的想法与做法，能够通过阅读的交流，一起去感受生长的伟大存在，并透过生长去认识自身的力量，去认识生命的力量，去实现我们自身存在的意义。一切都在生长之中，因为生长，万物自然也增添了新的气息。

今天恰是春分，古时又称"日夜分"。在这一天，阳光直射赤道，南北半球昼夜几乎等长，随后一段时间里，昼更长，夜更短，万物吐故纳新，大地复苏，一片绿意盎然。

陈春花

2022 年 3 月 20 日

目录
CONTENTS

PART 1 —— 未经省察的人生没有价值

每个人一生面临无数问题，这些问题对人类来说是共同的，它们集中表现为每个人都不可避免而又必须回答的一系列人生根本问题，如"生活的意义是什么""我希望做什么""我应该做什么""我能够做什么"，等等。

003 未经省察的人生没有价值

006 丰满的人生需要一个好的自我设计

009 超越自我是对人生价值的最高追求

013 保有理想，才能超越环境

016 承认自己的无知是获取知识的前提条件

021 成为拥有智慧的人

026 万物之中，生长最美

PART ② —— 成功只是多付出一点点

> 成功真的不是太难的东西,只要你愿意稍微多探索一点,你离成功就很近了。当接受每个任务时,如果自己愿意比别人付出得多一些,那么你一定就会成功。

041 成功只是多付出一点点

045 你懂得相信的力量吗?

049 我们要选择自己的生活方式

052 人生其实是书写自己履历的过程

055 如何理解共生信仰和它的三要素?

070 我读中国哲学心得(上):得之于己

075 我读中国哲学心得(下):用之于世

PART 3 —— 自我成就最重要

作为个体,要认识自我、激活自我、挑战自己、完善自我,不断地学习——向杰出的前辈学习,向优秀的同龄人学习,汲取他们的经验和教训,通过渐进式的改进,努力追赶,持续进步,每天都成为比昨天更好的自己。

083　人生的基本命运就是自我成就

090　向内求得力量,突破自己的极限

093　理解哲学的有效途径——知行合一

097　人生的内在价值在于创造

102　理想越高远,人的进步越大

106　一个人成长所需的四个要件

112　自我成长需要突破三个障碍

121　内求定力,外联共生

128　谁是组织"对的人"?

133　"改变"是你最大的资产,能抛弃你的只有你自己

140　真正优秀的人,会持续地自我完善

PART 4 —— 正确的思考能力

不断的变化、不同的重点、特别的理解、独到的见解、创新的表述等等，这一切都可以表明创造性思考的力量。到目前为止，所有世纪中最伟大的发现，就是思想的力量。

151 为什么说"人"是一切经营的最根本出发点

157 创造性思考，就是日常要做一个有心人

165 让一个人造宫殿，只需要转变观念

169 低迷时，你要有正确的思考能力

174 当反观内心，我们就已拥有了一切

181 最重要的时间就是现在

186 自我认知的三个障碍

190 你是否杀了自己的马？

193 共生、价值、成长，未来成长的三个关键词

212 写作是与世界、与自己对话的最佳方法

PART 5 —— 心灵和生活相得益彰

孤独使我们在烦琐的世态中求得简练，在喧闹的尘世中求得恬静，在世俗的环境中求得超然，甚至在不公平的遭际和突如其来的厄运中求得安慰和自悦。

221　此生都做一个心灵和生活相对应的人

227　体味孤独是对自我的超越

230　与过去连接，让生命得以沉淀

237　生活美学最重要的是"人的温暖"

241　在古希腊，接受悲剧是生命的重要部分

244　接受"变"的恒常，这就是生命本身

248　学会接受

253　让心安住，一切都会美好

259　如云在天，如水在瓶

PART 6 —— 真正的富足

要有同情心，要有责任感。只要我们学会了这两点，这个世界就会美好得多。

在一个缺少真诚的环境里，你更需要听从自己内心的指引，去做满心喜欢的事情，去积蓄自己内心强大的力量。

265 生命之实在，在于对自我的激发

269 施予的人生是不平凡的

273 什么才是真正富足的人生

279 快乐不依赖于外在而依赖于内心

283 在缺少真诚的环境里，更需要内心安定

288 花落、茶香

293 夏雨知我

297 体味生活的美好

304 春天是生命的开启

309 因为友情，单调的生命才有了色彩

313 学会感恩生活

PART

未经省察的人生
没有价值

每个人一生面临无数问题，这些问题对人类来说是共同的，它们集中表现为每个人都不可避免而又必须回答的一系列人生根本问题，如"生活的意义是什么""我希望做什么""我应该做什么""我能够做什么"，等等。

生 长 最 美 ： 想 法

未经省察的人生没有价值

● 每个人都有不同的境遇，有不同的生活方式，因此，每个人都必须自己去寻求答案，必须以自己的方式去回答这些问题。

大千世界，唯有人以生活作为自己存在的方式。除人以外，从无机界的尘埃、岩石到有机界的灵长类动物，它们都仅仅是存在或者是生存。

但生活，是有期望和企求的，是有所规划和设计的。生活，是提出与解答一连串问题，是以实践去探索世界。然而，尽管生活是区别人与万物存在的方式，却并非人人都抓住了生活，人人都能成为一个当之无愧的人类成员。

古往今来，每个时代都有人以他们的一生向人们提示着生活的真正样式，并且以他们在生活中表现的智慧、精神和道德力量表明人所独有的尊严和价值。他们有的留下了名，有的没有留下名，但他们都领略过生活。

每个时代也有另一类人，他们浑噩、懵懂、虚掷光阴，把生命消耗在昨天和明天没有区分的机械的吃喝和酣睡之中，一生的活动与动物的生存活动没有本质的区别，却做着自以为应做之事，自以为是地生活着。

正是由于人度过一生的方式有如此大的差别，睿智的哲人苏格拉底才在法庭申辩时说出了震撼人心的千古名言："未经省察的人生没有价值。"

这句名言揭示出人类面临的一个永恒任务：在人生与价值的结合中，寻求把短暂的人生纳入永恒的历史之流的途径。探索人类自身最重大、最激动人心的人生哲学即由此诞生。

每个人一生面临无数问题，这些问题对人类来说是共同的，它们集中表现为每个人都不可避免而又必须回答的一系列人生根本问题，如"生活的意义是什么""我希望做什么""我应该做什么""我能够做什么"，等等。

这些问题对每个具体的人来说又是极其独特的，因为它们以不可重复的具体形式摆在每个人面前。至于每个人怎样回答这些问题，就更独特了。

它们既不能像身体、外貌、先天能力等特征，通过生物的遗传密码由前人传递给后人，也不可能彼此"抄袭"。每个人都有不同的境遇，有不同的生活方式，因此，每个人都必须自己去寻求答案，必须以自己的方式去回答这些问题。

一个人到底在什么状态下才算是真正地诞生？是有生命个体的客观存在就算是生命的诞生，还是另有一个标准来界定？

从生活感受的角度，我们可以知道，事实上人有生物学意义上的诞生和社会学意义上的诞生。一个人，当他可以呼吸、可以站立、可以行走，这只是生物学意义上的诞生，这种诞生只标志着他是活着的个体，是一个存在。

但真正意义上的诞生应该是社会学意义上的，应该是精神上的，是意识到自我、自我与社会关系的存在，只有这种诞生，才是完整人生的基点。由此可说，只有人在精神上诞生，他才真正进入社会、进入生活，并开始在生活中实现自我的价值，即人生价值。

精神上的诞生是每个人的任务，但是并非每个人都能自觉意识到这个任务并且完成这个任务。

因为如果想要在精神上诞生，就必须通过省察人生、领悟自身存在的道理来实现；必须明白人为什么活着、该怎样活着，绝不会百无聊赖地一天天消磨生命，毫无价值地耗费生命。

已经在精神上诞生的人，绝不会错误地理解人生，绝不会错误地选择人生，更不会在危害他人、危害社会的同时也毁灭自我。可见，省察人生、发现自我、实现自我，是每个人一生的根本任务。也正是由此，苏格拉底才大声申辩："未经省察的人生没有价值。"

每个人都有理由关心自己，关心自己怎样度过一生；每个人也都有理由要求实现自己，因为任何人都只能存在一次，要真实地体现你的存在，只能通过自己的上下求索，而不要被一些脱离生活的教条封闭了审视自己的求索之心。

省察人生、发现自我、实现自我，归根结底是每个人自己的任务，但要想完成这个任务，必须通过与社会的交流，与社会生活中最活跃的领域交流，才能在求索中学会生活，在追求中实现人生价值。

丰满的人生需要一个好的自我设计

● 自我设计就是个人自觉地去寻求自己的生活姿态，就是个人有意识地去确定自己的特点。

自我设计，是人的本质特征——主体性的自觉表现，是人对自己进行的自由创造。对个人来说，自我设计既是自然的，又是必然的。固然人从一出生就不断被周围环境所塑造，但人并非生来就是一张白纸，任由环境在上面留下烙印。

人在幼小时就已经获得了自我塑造的能力，使人不仅能在各种事实、各种可能性之间进行选择、取舍，还能对自己的未来有所憧憬。自我设计就从这个过程中产生。

对自我意识已有高度发展的青年来说，自我设计不仅是自然的，而且已经成为必然的。可以说，自我设计是每个人必须面临的基本任务，每个人都要通过对自己的设计，来表明自己对必须回答的一系列人生课题和人的基本命运的总体态度。

青年正是通过自觉的自我设计证明自己走向成熟的。

人生是短暂的。作为个人，如果放弃自己的愿望和理想，听凭他人安排，就等同于把自己的生命意义永远交到他人手中，既放弃做人的基本权利，又不承担人生责任，成为一个在历史上来无影去无踪的匆匆过客。

自我设计的基点，是人的自我信赖，是忠于自己。一个人只有在相信自己的情况下，才会产生主宰自己的意愿，才能在生活中发展主动性；只有当他忠于自己时，他才会凭着自己的良心、良知，诚实不欺地安排自己的一生。

自我设计的目的，是规划出一个理想的"我"，作为自己努力奋斗的目标。这个理想的"我"，包括对自己的职业、性格的设计，对人生、对世界的态度选择。

人生的内容千姿百态，它使人的生命活动复杂而丰富。要使自己的生命活动丰富，但又不失之于错乱而没有特色，人的生命活动还应当在丰富之中具有一个主旋律，这就是贯穿个人自我设计全部内容之中的价值取向。

一个人所看重、所追求的是物质享受，还是精神丰富？是功名成就，还是真理与正义？是孜孜以求个人私利，还是肩负人类的命运？这一切，都凝聚在他选择的价值目标上。自我设计所含的各方面的内容（职业和性格的设计、人生态度的选择等），其基本精神也凝聚在价值目标上。

人在面临由坦塔罗斯、普罗米修斯、西绪福斯和俄狄浦斯[1]所代表的不可避免的基本命运时，他将采取的态度，也要由他所追求的价值目标来定向。因此，**价值取向乃个人自我设计的灵魂。**

---

[1] 四人均为希腊神话的代表性人物。

人类个体千差万别，这种丰富的差异，有赖于每个人的独特性。自我设计就是个人自觉地去寻求自己的生活姿态，就是个人有意识地去确定自己的特点。自我设计，是我们不可被剥夺的个人权利，是每个人的人生职责和使命！

超越自我是对人生价值的最高追求

● 创造使得现实世界成为一个自强不息、未来与过去既相继承又永远斗争的世界,成为每个瞬间都在翻新、生生不息的世界。正是人所独有的创造性构成了人的基本价值,正是创造使人生活在"意义"的领域,即走向不朽。

自我超越的最终效果和表现,就是人生的不朽。不朽,是对人生价值的最高追求,是一个人完全超越了自我的结果。

要使自己的生命超越死亡走向不朽,要使对自我价值的追求走向光辉的顶点,就必须要坚定而执着地追求人生理想。正是在这种追求的过程中,我们才使自己拥有了为后人所称道和讴歌的伟大人格品性。从这个意义出发,中国人思想精神的底色恰如著名哲学家张岱年先生所说:中国哲学离宗教最远,从不探讨灵魂不灭,而更注重生命如何以自己的创造和贡献达到不朽。

从古至今关于人生如何达到不朽的问题,有过诸多论述。《春秋左氏传》记载:"太上有立德,其次有立功,其次有立言,虽久不废,此之谓不朽。"指出人生有三个实现不朽的途径:立德、立功和立言。

仔细想来，从古代的圣人贤者到近现代民族史上英名永存的人，如老子、孔子、李白、杜甫、苏东坡、严复、康有为、梁启超、孙中山等，他们或立德，或立功，或立言，或兼而有之，都使自己独特而富有创造性的人生走向了不朽。事实也正是如此，只要能够通过不懈的奋斗做到其中任何一项，都可以让自己的生命变得更有意义，从而达到不朽。

明代思想家罗伦曾说："生而必死，圣贤无异于众人也。死而不亡，与天地并久，日月并明，其为圣贤乎。"这段精辟之言告诉我们：生命的躯体无法永存，但生命在追求理想的实现中，通过立德、立功、立言，让人的精神、人的自我实现永恒和不朽。要做到这一点，就要从以下两点开始做起。

▶ 01 必须使生命有一个坚定执着的理想

理想是人为自己设定的关于未来的最高目标。追求理想是人独有的特性，只有人能瞻望未来，也只有人能为了未来而斗争。有了理想，人的一切活动就纳入一个关于未来的目标之下，人才能超越自己，走向不朽。

拜伦宣布："我要和一切与思想作战的人作战。"

乔治·桑起誓："面对不公正，我绝不会若无其事，处之泰然。"

当欧洲中世纪的精神压迫造成许多人自轻自贱时，目睹塞维特斯因"思想罪"而被杀害的卡斯特利奥，在宗教裁判所的巨大阴影下愤怒疾呼："我不能再保持沉默了。"为了捍卫思想自由的权利，他向"用物质甲胄保护着的"庞然大物发起挑战。当偏见和迷信企图永远左右世界,宗教裁判所密布欧洲,告密者像草一样蔓延之时,对理想的执着追求却使布鲁诺胸中充溢着英雄的激情。他憎恨使人变得愚蠢、渺小的一切,他不顾后果地以"渎圣的勇气"一吐真言,并积聚起自己的全部力量,猛虎般扑向一切迷信,决心把迷信撕得粉碎!

人们追求理想的道路是艰辛的。尽管有千难万险,但是人类总能在失望中奋起,人类的理想总能冲破使它窒息的黑暗氛围而再生。

▶ 02 在对理想的追求中必须具有积极创造的精神

正如前面所论述的一样,创造使得现实世界成为一个自强不息、未来与过去既相继承又永远斗争的世界,成为每个瞬间都在翻新、生生不息的世界。正是人所独有的创造性构成了人的基本价值,正是创造使人生活在"意义"的领域,即走向不朽。

有位名士曾说过:"有光荣的遗留影响是不朽,譬如木不朽而有香气;有卑劣的遗留影响谓之甚朽,譬如木甚朽而有臭气;无遗留影响谓之朽,譬如木朽而无气味。"所以,"不朽的标准在创造,即在所立",如有创造贡献影响后人,千百年后人犹受其益、被其泽、服膺其训教、怀念其功德,仍有一种力量能激发人的精神,能引导人的生活,即等于仍生存。

造纸的蔡伦,发明活字印刷的毕昇,都是因创造而名垂千古。

应该承认创造是艰辛的。这是因为生命的存在一方面很短暂,另一方面也很脆弱,而生命所面临的外部世界则往往是无限强大的。

但也正是在这以短暂抗衡无限、以脆弱抗衡强大的创造和奋斗中,生命得以延续。所以,有哲人做了如下的总结:"平庸的生命再长也是短促的,而轰轰烈烈的生命再短也是永生的。"

保有理想，才能超越环境

● 其实在生活中，我们并不缺少目标，缺少的是对实现目标的各种方法的训练、对目标深刻的理解、与目标的有效沟通，更缺少对自己全面而理性的认知。

曾经听到这样一个故事，一个人在高山之巅，发现了一处鹰巢，并抓到了一只雏鹰。

他把这只雏鹰带回家，和鸡养在一起。这只雏鹰和鸡一起啄食、饮水、玩闹和休息。

不知不觉中，雏鹰长大了，羽翼也越来越丰满了。主人特别想把它训练成一只猎鹰。但是，因为它从小到大都和鸡在一起，它已经完全和鸡一样，根本不想飞。

主人尝试了各种各样的方法，毫无效果。最后，主人把它带到当初抓到它的高山之巅，撒手扔了出去，慌乱之中，这只鹰在空中拼命扑腾翅膀，就这样，它重新成功飞了起来！

结论是：坚持磨炼使其成功的力量，鹰成为鹰。

看到这篇短文，觉得很有意思。喜欢这个结局，可是也不妨试想一些其他的结局，也许可以获得多个角度的启发。

还是这个故事，换了一种结局：

主人尝试了各种各样的方法，毫无效果。最后，主人失望地放任它整天混在鸡群中，结果这只鹰渐渐长成了主人多养的一只鸡！

结论是：主人自己放弃最初的理想，鹰变成鸡。

同样的故事，再换一种结局：

主人尝试了各种各样的方法，毫无效果。最后，主人把它带到当初抓到它的高山之巅，撒手扔了出去，这只鹰没有任何挣扎地掉下了山崖，它始终没有飞起来！

结论是：鹰从未意识到自己是鹰，自我放弃，鹰已经不存在。

也许可以更宽泛地理解这则故事，一个人的成长会受到环境的影响，你处于什么样的环境，你就会烙上什么样的环境印记。

可是你仍然可以超越环境，只要你心中的理想不变，只要你不向环境屈从和低头，只要你经受得住考验。

但是，这只是其中一个层面。

第二个层面是，当我们设定目标时，应该尽可能地考虑环境的因素。在利用环境的同时，必须有能力改变环境带来的负面影响，而且**无论环境和条件多么不利，也不能够轻易放弃。**

因为当你放弃了目标时，你就再也不可能实现这个目标。我们不能被环境左右，可以利用环境，以实现目标。

如果主人一开始就按照养鹰的方式来饲养这只小鹰，结果自然是不同。因此，一个目标的实现恐怕需要三个条件：环境、方法、自我认知。

不理解环境、不设计环境，就会让目标变成奢望；

不寻找合适的方法、不给出解决方案，就会让目标成为空谈；

不了解自己，不知道自己的能力和使命，就会让目标变成可笑的梦而最终失去目标。

其实在生活中，我们并不缺少目标，缺少的是对实现目标的各种方法的训练、对目标深刻的理解、与目标的有效沟通，更缺少对自己全面而理性的认知。

就像这只鹰，以为自己是一只鸡，以为自己无法扇动翅膀，以为这一生的空间都在大地上，而不知道它真正的空间是在天空中。

鹰是成为鸡还是成为鹰，关键看自己怎么选择。

承认自己的无知是获取知识的前提条件

● "决定一个人心情的,不是环境,而是心境。"

"如果我们欲获得纯粹的知识,我们必须摆脱躯体并用灵魂来沉思。"柏拉图的这句话,从我第一次看到,就深深地刻在我的脑海里。

我们和导游说想去看雅典学院,导游便带我们来到了大学街上,这里并排的三座建筑分别是雅典学院、雅典大学和国立图书馆,因其独特的风格和功能被称为"新古典主义三部曲"。

位于三座建筑中间的是雅典大学,雅典大学的一侧是国立图书馆,另一侧是雅典学院,这是我此行朝圣的地方。但令我意外的是,来到这里,才知道雅典学院其实是雅典科学院——希腊的国家科学院,其名称源于古代的柏拉图学园,所以被称为雅典学院。

得知此雅典学院非彼雅典学院时,我心里多少有点失望,但看到苏格拉底的雕像之后,失望之情又瞬间烟消云散,拉着小新老师热切地留影。

苏格拉底是影响我的第一位哲学家。这个被称为"西方的孔子"的人,甚至比孔子更早地让我理解了哲学的意义,即通过理性透彻地了解人的生命,从而引导出新的生活态度。

他的"对话"方式，让我学会了辩证地去看问题，尽可能多地反问自己，不断提升，最后会发现，真正的结论往往是有所保留的，因为没有一个完全客观的立场可以得出最后的结论。

正是苏格拉底的方法论，让我学会只有保持开放才能获得持续成长。也正是他让我懂得，一个老师最关心的应该是：如何启发学生，让学生自己寻得答案。

苏格拉底作为一位老师，从来不教导别人什么是知识，而是不断地告诉别人，他们以为的知识其实都只是假的知识，若不先破除假知识，就不可能拥有真知识。真的知识必须由内而发，由主体的觉悟而生。

对苏格拉底来说，批判精神是重要的，承认自己的无知是获取知识的前提条件。

关于苏格拉底，流传最广的有这样一个故事。故事中，苏格拉底的学生请教苏格拉底，怎么才能变得像苏格拉底一样知识渊博，通晓古今。苏格拉底没有回答这个问题，却提出了另外一个对学生的要求。这个要求说起来非常简单，类似今天大家都熟悉的广场舞，把胳膊用尽力气往前甩，然后再往后甩。

这件事情过去了大概一个月，苏格拉底问学生们，哪些人坚持做了这个前后甩胳膊的动作。当时有百分之九十的人都举手说自己做了。

不知不觉中，一年过去了，苏格拉底再问起来，谁坚持做了前后甩胳膊，这时候只有一个学生说做了。这个坚持到底的学生就是日后成为著名哲学家的柏拉图。

这个故事让我理解了什么是坚持，了解到坚持只是需要单纯地做事情，并不是很复杂，并不需要有多么强的能力。

我因为这个对话去关注柏拉图及其学说，更开始训练自己单纯地做事，养成坚持的习惯。我可以保持 20 多年每天写几千字的习惯，与苏格拉底和学生的这段对话有极大的关系。

在苏格拉底与学生的对话中，我学会了什么是"快乐"。有人问柏拉图："你的老师总是那么快乐，可我却感到，他每次所处的环境并不是那么好呀。"柏拉图替老师回答说："决定一个人心情的，不是环境，而是心境。"

是的，一个人的快乐并不取决于外界环境，而是由自己如何看待环境决定的。其实种种挑战、不确定性带来的不安，并不是因为它们本身产生，而是自己的心境所致。

还有一个关于苏格拉底的故事，让我们每一个人都能受到启发。苏格拉底感到自己来日不多，他非常想找到一位优秀的学生，他请助手推荐。助手竭尽全力，到处找，都没有找到理想中的人选。助手觉得太对不起即将离开人世间的苏格拉底了。苏格拉底却说："失望的是我，对不起的却是你自己。"

原来，在苏格拉底心里，最优秀的学生此时此刻就是这位助手。苏格拉底告诉助手：其实，每个人都是最优秀的，差别就在于如何认识自己，如何挖掘自己，如何重用自己！

正如苏格拉底所言，很多时候，我们忽略的正是我们自己。

苏格拉底让我学会了坚持，学会了快乐，学会了自我发现，学会了持续提升品行。苏格拉底致力于让我们理解生活的道德问题，例如什么是公正、勇气和善良。他坚持品行良好本身会有好报的论点，他自己也是这个论点的践行者。

在他被判死刑时，他本可以逃走，但依然选择了接受审判，并自愿喝下毒药身亡。

基托说："没有什么能比苏格拉底在受审期间和审判之后的言谈举止更为卓越和崇高。"雅斯贝尔斯在《四大圣哲》中对苏格拉底的描述更令人心动："苏格拉底临终前，安慰朋友们说，你们所埋葬的只是我的躯体，今后你们当一如往昔，按照你们所知最善的方式去生活。"

从中学遇到苏格拉底开始，他就一直在我的成长中担任着与我对话的智者角色，他让我能够理解生命、理解勇气、理解品行，也理解自己。这些理解在与苏格拉底的持续对话中得以升华。

所以此次来雅典，我很想找寻与苏格拉底相关的古迹，结果发现并不容易，我们没有找到直接与他相关联的。

但是我们有另外的发现，那就是在雅典几乎处处可窥见苏格拉底的影子，他如神一般存在并影响着人们的日常生活。量子物理学家说，时间不存在，世间只有"变化"，没有"事物"。我并不知道该如何理解这句话。此次来到孕育了苏格拉底等伟大哲学家的雅典，我却发现，时间是存在的，它存在于每个古迹之中，存在于每个时代变迁之中。

这些保存至现代的古迹，在尘归尘、土归土的过程中，把时间收藏了下来，让我们在凝视它们时，可以直接与历史对话，可以触摸绵延的痕迹。

此时，我们能够来到这里，站在传承柏拉图学园之名的雅典学院前，虽被告知不能参观，无法看到这座建筑内部的样子，但流连于建筑的外部，仰望智慧与勇敢之光，与苏格拉底和柏拉图对话，也算听了一场雅典学院的讲座，心满意足。

成为拥有智慧的人

● 智慧就是每天知道多一点。让你的心平静下来，不断地吸收，双倍地吸收，你就可以成为充满智慧的人了。

什么是智慧？

每个人都会有一个答案，每个人也都希望自己成为拥有智慧的人。

但是如果不能清晰地理解"智慧"，事实上是无法成为有智慧的人的，所以我花了很多时间来理解什么是"智慧"。

▶ 01 智慧是每天知道多一点

受《说文解字》的启示，我开始理解"智慧"的含义了。

"智"这个字，把它拆开是"日""知"，可以据此理解为每天知道多一点，就叫"智"。

再看"慧"字，把它拆开，它是三个字的组合，上面两个"丰"，中间一个"雪"的下部，下面一个"心"，也就是说：当心像雪一样洁白平静的时候，就会有双倍的丰收，能双倍接纳别人的人，就是充满"慧"的人。

所以智慧就是每天知道多一点。让你的心平静下来,不断地吸收,双倍地吸收,你就可以成为充满智慧的人了。的确如此。

但是,今天又有多少人很认真地对待每天知道多一点这件事呢?常常听到周围的人说"希望今天休息一下,明天再做""你不要再塞给我了,我不想继续再了解更多的东西了"。

在日常的观察中发现,今天的老师会遇到一个挑战,这个挑战就是学生用一种应付的心态来听你的课,而且经常是望着窗外,连看都不看你一眼。

我对很多新入职的老师讲,你得有能力把学生的眼光吸引回来,而不要让他把脑袋放在窗外听课。老师可以吸引学生的原因是老师拥有智慧而不是拥有知识,只有当老师比学生拥有更多智慧时,学生才会用心来听课。

有知识不等于有智慧。知识和智慧的区别就是,知识会有一个阶段的终点,但是智慧没有,智慧必须是每一天、每一秒逐步增加的。你可以说这本书我现在看完了,但是智慧没有结束的时候,智慧就是一个不断累积的过程。

走在成功路上的应该是拥有智慧的一群人,而不是有知识的一群人。只要你每一天都在进步,能够平静地接受所有的东西,你就可以成为拥有智慧的人。

在现实的生活中,一个人的成长与另一个人的成长为什么会慢慢拉开距离?很重要的一个原因是:愿不愿意探索更多的东西。你只要愿意探索,就肯定是往前走一步的人。因为多探索一点东西,就会多增加一点智慧。

▶ 02 智慧源自欣赏和吸纳

"智慧"并没有要求你去做更多,"智慧"只是希望你每天知道多一点,只希望你见到所有的事都有吸纳之心,见到所有的人都有欣赏之情。即便是这样,我也很想你扪心自问:"是不是做得到?"

年轻人欣赏别人和吸纳别人的习惯不多,挑别人毛病的习惯却非常普遍。我曾经研究过很多学生的实习报告,结果发现,绝大部分学生都会在短短的三个月里面,发现公司的很多不足和需要改进的地方,还会给出解决的意见和对策。

看到这些实习报告,我知道大家对自己的认知实在是有问题。发现公司存在的问题并给出对策,这本身没有什么错误,错误的是很多学生不知道自己错在哪里。

如果没有吸纳、学习的习惯和眼光,是无法拥有智慧和成长的基础的。经过短短三个月的实习就提出的建议很难直接操作和运用,用这样的方式去实习自然无法让自己真正学到东西,增长才干。所以每次看到自己的学生写出这样的实习报告,我就会和他面对面地交流,告诉他实习是为了学习和增长自己的才干,不是为了评价对方和给出对策。

我们如何去学习、欣赏和吸纳一个人、一个公司的优点,这的确是一个考验,也是一个历练的过程。教授了多年企业管理课程,我常常告诉学生们,希望他们学习课程后,回到公司不要看到的都是公司的缺点！但是，不管我怎么告诫他们，我常常听到的依旧是——他们在学习课程后，发现公司有很多问题，甚至满眼都是公司存在的各种问题！

这正是我所担心的，因为企业永远是有问题的，也正是因为有问题才要我们回到学校学习和思考。但是很多同学不是出于解决问题的目的把知识与实际工作结合在一起，不是吸收所有人的智慧来给企业一些好的解决方案，反而只是发现很多很多问题，对问题却束手无策。

如果学习的结果只是看到问题，这是简单理解知识的结果，而不是探索的结果。如果学生们是用智慧的眼光来探索管理的理论，我相信他们会在学习中得到很多启发，也会得到很好的解决方法。

我也时常与年轻人聊天，发现大家会谈论很多社会存在的一大堆问题，但是也仅仅限于谈论而已，这只能说明我们不具备智慧的眼睛，智慧的眼睛是看可以吸收的东西，不是看问题。

就像营销中常常讲的一个故事，有两个人分别到非洲卖鞋子，一个人看到非洲人都不穿鞋子，非常震惊，马上通知公司不能在非洲卖鞋子，因为这里没有人穿鞋子。而另外一个人看到非洲人不穿鞋子，非常兴奋，马上通知公司，大量生产鞋子运到非洲，因为这里每一个人都需要鞋子，市场非常大，最后的结果是后者成功。

这就是智慧之眼的作用。任何现象都需要人们去探索积极和有意义的方面，从更多的角度来看待，如果不能探索更多的东西，仅仅是看到问题，这样的回应就表明你不具备智慧，而没有智慧也就没有了欣赏和吸收，也就无从探索！所以探索任何事情的时候，最重要的就是要有智慧。

▶ 03 在年轻阶段养成获得智慧的习惯

身为一个年轻人其实没有太多具有优势的东西，如果现在要你去与别人竞争，相信你竞争不过那些专业人士和有着深厚实际工作经验的人。

有时我安排自己的学生到农村去做访问，他们甚至连地上长的是什么都不认识。其实在年轻的时候能够把握的东西非常少，唯一可以与别人比较的东西，实实在在地讲，就是你所拥有的知识和智慧。

用充满智慧的眼睛、头脑、能力，来判断所有的事情，来贡献你的价值，这就是年轻人可以做的事情。

因此，要养成获得智慧的习惯就必须在年轻阶段完成：要求自己不断地多去探索一点东西。

万物之中,生长最美 [1]

● 人生是严酷的,热烈的心性不足以应付环境,热情必须和智勇联结起来,方能避免环境的摧残。

在过去的企业研究和自我学习中,我有一个很深的感受,就是对所有的物种来讲,它最美的地方就是它可以不断地生长。**对我们每个人和每个企业来讲,最美的也在于我们可以持续生长。**

我给大家这个概念,是因为不论是我自己研究,还是我去看那些成功的企业,或是不同领域的那些优秀的人,其实他们有一个共同的特征就是:自我生长。

如果你想知道自己是否优秀,你可以看看你的自我生长够不够。如果你可以不断地自我生长,你就可以给自己下一个定义:你就是优秀群体中的一位。

那问题的关键就在于我们怎么才能不断地自我生长。

在这一次的疫情当中,有几句话被引用得最多,其中一句就是尼采的"那些没有消灭你的东西,会使你变得更强壮"。也就是说我们

---

[1] 本文是 2020 年 4 月,新冠疫情突如其来并严重冲击企业经营时,作者给正和岛管理训练营 001 期在线开营仪式上 3000 多名在线学员的分享。

看自己能不能够真正地成长，很大程度上其实就是看你在面对变化和冲突，甚至在压力非常大时，是不是能够突破它，**不仅接受这些冲突、变化和压力，还能够不断地成长。**

优秀的人的共性就是没有什么东西能够阻碍他成长，没有什么东西能够让他退缩而不能面对。他总是会告诉自己：我一定可以接受这些挑战。

在这样的一个变化当中，我们要持续学习、持续进步的一个根本原因就在于我们有一种成长的愿望。

光有这个成长的愿望够不够呢？不够。我们还需要正视一个很重要的问题：我们到底准备好了没有？

我每一次跟不同的企业家或者学生讨论进入新的学习状态时，我都会问这个问题。有人就会说："陈老师，其实我一直都在准备，但我没有办法说我准备好了没有。"我承认这是一个客观的问题，但是当我们从主观的角度去看时，我们还是有路径可循，而且也一定是有方法论的。

那么这个路径是什么？

▶ 01 你要真正认识你自己

首先我们要能够认识自己。只有真正地去认识自己，你才有机会找到这种生长路径。在哲学命题上，苏格拉底提出最高的命题其实是你要认识你自己，所以你就会发现认识自己这件事情，恐怕是我们终生都要去探寻的一个话题。

即使是这样，首先我们要非常清楚地知道，阻碍我们认识自己的到底是哪些关键的要素。

我在研究中发现有三个主要障碍阻碍我们认识自己。

第一个障碍,就是人容易太过自我。

就像人类这一次面对这个病毒,我认为还是太自我了。我们总是力图说我们有办法,我们要消灭它,我们要解决掉它。但是我们会发现好像不是这样,我们到现在为止还不认识它,我们不得不接受去跟它共处,我们还可能不得不接受未来它会带来的那种未知的恐惧。

转头来想,为什么会这样?人类这么多年的发展,持续的技术进步,已经让我们处理不好人类跟外界的关系。如果把人类缩小成我们个体的自己,其实阻碍我们认识自己的第一个障碍,就是没有处理好我们和别人、和外界的关系。

当你没有办法处理好跟别人、跟外界的关系时,其实就是我们所说的太过自我。一旦你太过自我时,你就没有办法真正地去建立认知自己的这条路径。

第二个障碍,就是太过相信自己的认知。

我们要接受一个事实:我们凡事总喜欢依照自己信仰的真理,但我们信仰的真理与真正的真理之间永远有差距。

我们看到的东西、信的东西和真正存在的东西是有差距的。很多时候我们常常是看到了就相信了,理解了就认为是认识了,认为对的东西就是对了,但事实上这反而妨碍了我们去真正了解自己。

你只有真正地接受你和真实之间会有一定差距时，才可以知道自己的局限性在哪里，要努力和要成长的空间在哪里。

第三个障碍就是经验。

其实在自我认知当中，越是成功的人遇到的挑战越大，因为有经验。可是外部的事物一定是变的，当你的经验不变时，经验就会成为你的绊脚石。

我很多时候会提醒大家或者建议大家要向年轻人学习，虽然年轻人确实有很多地方不如有经验的我们，可是你要用发展的眼光去看，他们身上最需要我们学习的地方，恰恰就是他们没有经验，所以他们更愿意尝试新的东西。

而一旦我们把自己的经验和被证明是对的东西变成自己内在的原则时，我们在认知成长上就出现了障碍。

优秀的人一定是自我成长的，但是你要自我成长，第一件事情就是克服以上三大障碍。

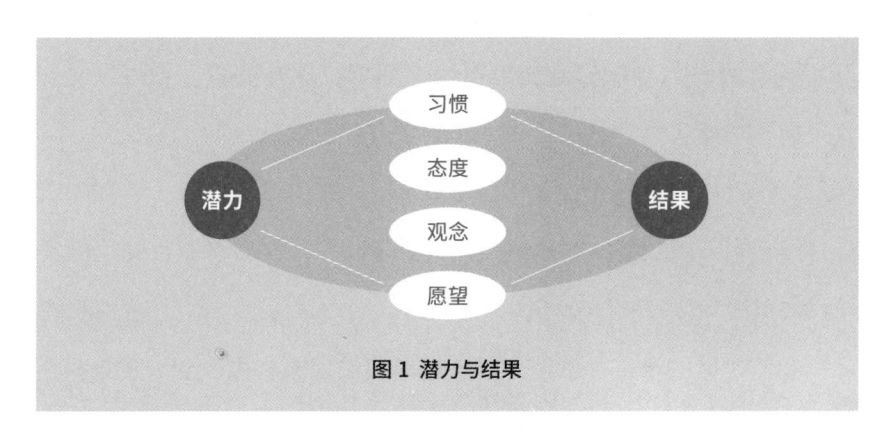

图1 潜力与结果

潜力 → 习惯 / 态度 / 观念 / 愿望 → 结果

我每次讲自我认知这个部分时，都会分享这张图；我每次跟很多的学生在一起交流时，我也会分享这张图。这张图让我发现一个非常难受的地方，如果从潜力的角度去看，我们每个人的潜力都非常大，可是当你看一个人的成长过程时，你又会发现结果小于潜力。

为什么会这样？因为中间有了一个折射镜、一堵墙。

这个折射镜和这堵墙完全是你自己塑造的，它们是你的习惯、态度、观念、愿望。如果你不能很好地确立持续学习、不断超越的习惯，如果你不能真正端正对你跟外部之间关系的态度，如果你固守经验和观念，如果你在遇到困难时放弃愿望，你的结果就会变得很小。

也就是说，**你的潜力跟你的结果之间到底是一个什么样的关系，由你自己决定。**

这就是为什么我们要有一个正确的认知自己的训练，所以我常常会引用一句话："我们最大的悲剧不是任何毁灭性的灾难，而是从未意识到自身巨大的潜力和信仰。"

就像这次的疫情，我为什么以最快的速度给大家写一本书叫《危机自救》？就是要告诉大家：在危机来临时，我们要做的就是去找到成长的可能性和解决方案。核心在于你能不能真正意识到你本身所具有的潜力和信仰。如果你意识到了，你唤醒它，就可以看到这个解决方案。

▶ 02 在三本书中汲取成长的力量

我们要做的第二件事情，就是思考我们怎么去做改变。我将我在自己的人生成长当中感受最多的一些东西分享给各位。

我为什么特别地敬仰理论、敬仰知识？实际上是源于我自己一直以来接受的训练和切身感受，就是**知识是支撑人类文明和成长过程的最重要的基石。**

我第一次去埃及时，很多人都问我："你是不是去看了埃及金字塔？"我就说没有，我第一次到埃及时，我要求去的地方反而是亚历山大图书馆。

原始的亚历山大图书馆先后经历过几次大火，其实已经不存在了。现在看到的是1995年重建的，它的外墙上雕刻着人类最古老的文字。

当年亚历山大下决心要建设一个亚历山大图书馆时，只有一个目的，就是收集全世界的书，实现这个世界知识的汇总。那时候所有的船只要进亚历山大港，只有一个条件，就是你要把船上的书带下来，然后他安排人誊写下来，再把书还给你，你就可以靠港。

他用这种方法收集到了很多的书。正是因为这些收集到的知识，才让地中海文明辉煌数百年。

我们在看整个人类的成长时，如果我们把它缩小讲，其实主要受三本书的影响：《易经》《金刚经》和《圣经》。

从这个逻辑上去讲，我回看自己的人生路，主要也是受三本书的影响。

1.《居里夫人传》

我在中学时，有幸遇到了《居里夫人传》这本书，它给我最大的帮助是什么呢？就是**无论你的起点多低，无论你的外部环境多么不好，只要你努力，就可以战胜这一切。**

居里夫人（玛丽·居里，Marie Curie，1867—1934）的身体很不好，在她要读大学时，学校不接收女性，她就坚持旁听，然后感动了教授，教授就说你如果考了第一，我就给你正选，结果她就考了第一，成为正选。

之后她又开始不断地去做放射性科学研究，为人类找到了两个重要的元素——钋和镭，其中钋是为了纪念她的祖国而命名。其间，她研究设备造福人类，她获得诺贝尔奖又将奖金都捐出，放弃自己研究的专利，始终埋头于自己的科研事业中。

她做这一切只为了一点，其实就是为整个人类做贡献。所以爱因斯坦给过她一个特别客观但又非常令人尊敬的评价，他说："在我认识的所有著名人物里面，居里夫人是唯一不为盛名所颠倒的人。"

我在一个小村庄长大，可是自从我遇到这本书之后，我就知道其实只要你努力，所有的外部环境对你都不产生决定性影响。我当时也有一个理想，就是要当一个女科学家，我的大学专业读的是工科无线电，就跟这本书有很大的关系。

2.《人生的盛宴》

我读大学时，遇到了林语堂的《人生的盛宴》这本书。他让我认识到**人生就是一场盛大的宴会，就看你用什么态度去赴这场宴会。**

我也是通过林语堂开始理解在中国的文化背景下，人生的基本态度是什么。我记录了一些我称之为林语堂语录的内容,在此分享一下我的感受。而且也正是因为整个大学阶段深受林语堂《人生的盛宴》这本书的影响,我形成了一些很稳定的基本素质。

他给我很深影响的第一个观点是:"人生是残酷的,一个有着热烈的、慷慨的、天性多情的人,也许容易受他的比较聪明的同伴之愚。那些天性慷慨的人,常常因慷慨而错了主意,常常因对付仇敌过于宽大,或对于朋友过于信任,而走了失着……人生是严酷的,热烈的心性不足以应付环境,热情必须和智勇联结起来,方能避免环境的摧残。"

他给我的第二个帮助就是告诉我:"如果我们在世界里有了知识而不能了解,有了批评而不能欣赏,有了美而没有爱,有了真理而缺少热情,有了公义而缺乏慈悲,有了礼貌而一无温暖的心,这种世界将成为一个多么可怜的世界啊!"

我们很多时候是要求人本身是要稳定和平衡的,所以你要能够真正地去掌握知识、分析、判断,但是你同时还要懂得理解、欣赏、友爱以及慈悲。如果你不能这样去做稳定的平衡,其实你是没有办法真正地去理解这个世界的,你也就没有办法去跟这个世界直接共处。

他给我的第三个帮助,是这样一段话:"一本古书使读者在心灵上和长眠已久的古人如相面对,当他读下去时,他便会想象到这位古作家是怎样的形态和怎样的一种人,孟子和大史家司马迁都表示这个意见。"其实就是告诉我们,你一定要去读书,因为当你读书时,你就是在和那些先贤面对面地交流,然后你就可以通过你的阅读去形成你对这个世界的看法。

最后他又告诉我人真的很渺小，他说："人生在宇宙中之渺小，表现得正像中国的山水画。在山水画里，山水的细微处不易看出，因为已消失在水天的空白中，这时两个微小的人物，坐在月光下闪亮的江流上的小舟里。由那一刹那起，读者就失落在那种气氛中了。"在这样一个概念中，其实就可以理解人跟宇宙的关系，你也就可以理解你跟外部世界的关系。

所以我在林语堂的帮助下，在大学期间形成了比较稳定的对世界的认知以及对人的理性和热情之间的平衡。

3.《卓有成效的管理者》

当我自己要做组织管理研究时，我也很有幸地遇到了这本书——德鲁克的《卓有成效的管理者》。这本书给我最大的帮助又是什么呢？就是两件事情：

第一件事情，让我懂得你**只要是做管理者，你就必须卓有成效**；

第二件事情，我学会了一种叫作管理研究的方法论，就是你要**回到管理实践当中来**。恰恰是这些帮助使得我能够很好地走向我今天跟各位交流的这条路径。

我相信看过这本书的人都会知道，它其实给每个人都带来了很大的帮助。它告诉我们，如果你是一个管理者，就必须面对现实，你要学会掌握自己的时间，最重要的是你要不断地问：你能贡献什么？你怎样发挥别人的长处？你如何真正地去做到要事优先？你怎样去训练自己可以卓有成效？

图 2 卓有成效的管理者

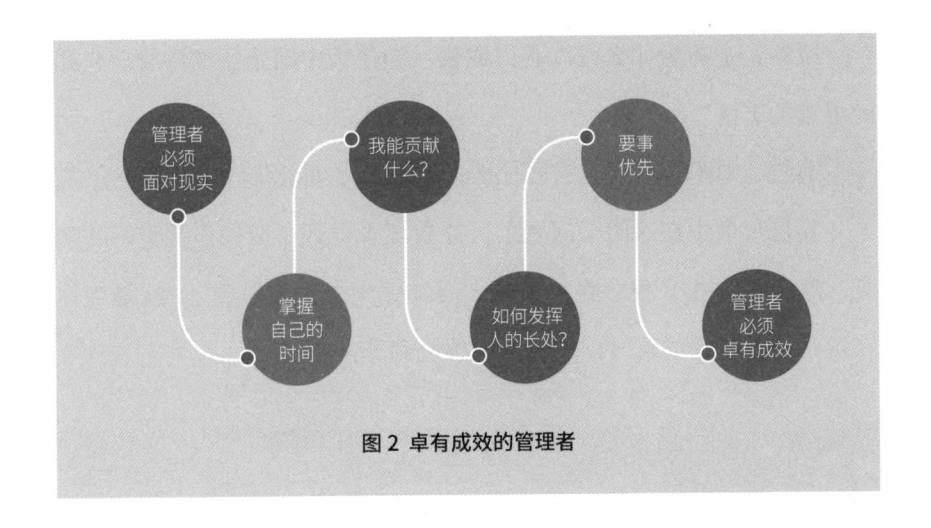

- 管理者必须面对现实
- 掌握自己的时间
- 我能贡献什么?
- 如何发挥人的长处?
- 要事优先
- 管理者必须卓有成效

在这本书的帮助下,我不仅设立了自己的研究路径,还坚定地相信了一件事情,这件事情也是德鲁克自己说的,那就是"管理者不同于技术和资本,不可能依赖进口"。中国发展的核心问题,是要培养一批卓有成效的管理者。"他们应该是中国自己培养的管理者,熟悉并了解自己的国家和人民,并深深植根于中国的文化、社会和环境当中。只有中国人才能建设中国"。

我其实就是深受他的影响,所以才不断地基于中国本土企业来做研究。而且我也正是因为不断地跟中国本土企业做互动,看到了这些自己找到解决方案的优秀管理者,也寻求到了我们现在所看到的这些管理理论。

所以我就不断地跟自己说,我必须成为一个像德鲁克这样的人,一个能够真正去理解我们企业的细微管理和整个的问题解决方案的人。

然后我也不断地问我自己,我到底能贡献什么?所以过去的30年,我苦苦思考的就是两个问题:

第一，企业为什么可以获得成长？为什么中国企业维持成长是如此艰难的事情？

第二，中国企业到底需要什么样的努力才可以获得成长的机会？

我长久聚焦在这两个问题上，让我至少得到了四种非常美好的感觉。这也是为什么我会跟大家说"万物之中，生长最美"，就是当你在这些地方得到成长时，你确实能感觉到非常美好。

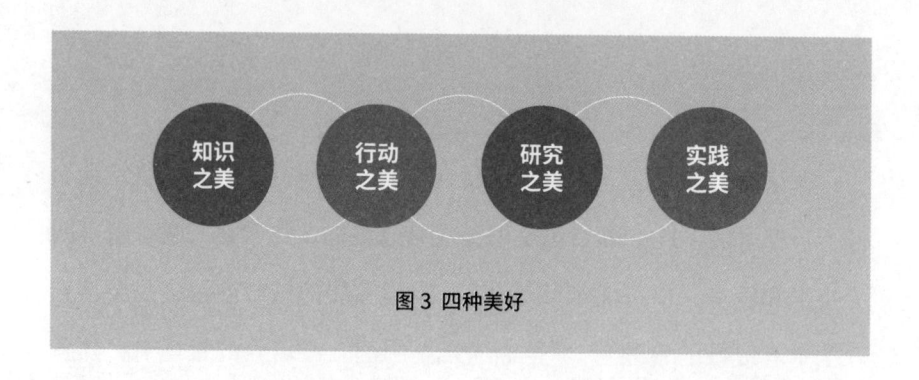

图3 四种美好

（知识之美　行动之美　研究之美　实践之美）

当我不断地跟中国企业互动，我知道知识的的确确是可以帮助到企业的；当我不断地跟随中国企业的成长过程，我也得到了研究的美好；我们不断地去实践，不断地去行动，我们就会得到一系列的新知识，再在课程当中展示给各位，而且在这些课程当中大家慢慢会感受到，理论怎么跟实践结合，怎么跟行动去做结合。这些进步都会给我们带来非常大的帮助。

▶ 03 学习者掌握未来

我们处在一个巨变的时代，而真正在这个巨变的时代当中能够帮助你的、能够让你掌握未来的，坦白讲是成为学习者。

学习者最大的特点是什么？我常常跟同学们讨论什么叫学问，然后同学们就跟我说，学很多的东西就比较有学问了。但我会跟他们说，学问最大的特点就是你学过之后，你会发现更多的问题，然后你愿意去继续学，继续去面对这些问题，这样你才是真的有学问。

所以**在巨变的时代，学习者掌握未来**，那些真正懂学习的人一定会发现，我们熟悉的那个世界已经不存在了，这是我们在今天看到的最大变化。

比如，在一场疫情危机下，我们以前所有对春节的准备，对第一季度的准备，都不符合已发生的事实了。

大家可能会认为，疫情过后是不是就又恢复到正常了？那我们可以很明确地说不会，因为确实已经变了，而且这种变化会持续不断地出现。我们必须通过学习去掌握未来，而我们也必须面对已经不再熟悉的这个世界，面对各种各样的正在到来的变化。

所以**人要做的只有一件事情，就是不断地战胜自己**。战胜我所说的三个主要的障碍，建立跟别人、跟外界的互动关系，处理好跟别人、跟外界的关系，不断地告诉自己所见到的事实和真正的事实之间总会有差距；必须很清楚地知道，所有的经验可以积累，但不能固化，我们必须不断学习新的东西，不断超越经验。

当我们能够破除这些自我认知的障碍，通过不断的学习去理解我们跟世界、跟变化、跟环境的关系时，我相信我们已经走在学习的路上，我们就会掌握未来。

我希望学习把我们带到更高的高度上，让我们走在学习的路上，不停地战胜自己！

最后我用居里夫人的一段话来结束今天的分享："我相信我们应该在一种理想主义中去找精神上的力量，这种理想主义要能够不使我们骄傲，而又能够使我们把我们的希望和梦想放得很高。"

PART

2

成功只是多付出
一点点

成功真的不是太难的东西,只要你愿意稍微多探索一点,你离成功就很近了。当接受每个任务时,如果自己愿意比别人付出得多一些,那么你一定就会成功。

生 长 最 美 : 想 法

成功只是多付出一点点

● 如果没有要坐十年冷板凳的精神,没有实事求是地估量工作中的困难,不知道成功来自无数次的失败,需要付出长期的、耐心的劳动,恐怕很难取得大的成就。

　　成功与失败之间其实没有什么差别。成功与失败之间唯一的差别就是成功比失败多那么一点东西,就多那么一点点,这一点点就是你的付出。

　　每天晚上,我自己最喜欢的一个时刻是:当我写累了,往窗外望,竟然发现窗外所有的灯都关了,安静地望着窗外,和自己的灯光交相辉映的只有星光,这个时候我就知道自己开始接近成功了。

　　成功就这么简单,所以如果有一天,当你往窗外望,发现你自己追求进步的灯还亮着,而别人的灯已经关了,你离成功也就不远了。

　　成功真的不是太难的东西,只要你愿意稍微多探索一点,你离成功就很近了。当接受每个任务时,如果自己愿意比别人付出得多一些,那么你一定就会成功。

　　孔子一生勤奋好学,到了晚年,他特别喜欢《易经》。《易经》是很难读懂的，学起来很吃力，可孔子不怕吃苦，反复诵读，一直到弄懂为止。因为孔子所处的时代，还没有发明纸张，书是用竹简或木简写成的，既笨又重。用皮条把许多竹简编穿在一起，便成为一册书。由于孔子刻苦学习，勤展书简，次数太多了，竟使皮条断了三次。后来，人们便创造出了"韦编三绝"这个成语，以传诵孔子勤奋好学的精神。

东晋大书法家王羲之自幼苦练书法。他每次写完字，都到自家门前的池塘里洗毛笔，时间长了，一池清水变成一池墨水。后来，人们就把这个池塘称为"墨池"。王羲之通过勤学苦练，终于成为著名的书法家，被人们称为"书圣"。

英国画家雷诺兹认为：天才除了全身心地专注于自己的目标，忘我地进行工作以外，与常人并无两样。

我曾经记录过这样一段话："当听到年轻人对天才羡慕不已、啧啧赞叹时，我常会问他这个问题：'天才勤奋工作吗？'这里我要特别强调两个词的差别：'应付差事'与'勤奋工作'。"

这段话告诉我们，没有真正的天才，"天才"一定是"勤奋工作"的结果。一个非常愚蠢的想法就是天才是天生的，而且持有这种观点的人很多，甚至还有人认为有着超乎寻常天赋的人不需要勤奋和苦干，这是大错特错的，这种思想断送了很多可以大有作为的青年人。

我曾有机会结识岭南画派的画家，我发现无论是以前的关山月、黎雄才，还是现在的林墉、梁世雄，这些岭南画派的代表人物，都是在超过60岁之后成为名家的。也就是说，在60岁之前，他们都是在默默地练习，要是没有40多年的磨炼，我想也就没有之后的成名。

虽然我没有很仔细地分析他们成长的历程，但是在和这些知名画家接触的过程中，凭着对他们一点一点的认识，我发现一切天赋都是在勤奋之后放出异彩。

当然我并不是想吓唬大家，好像人需要到60多岁才有机会成功，只是这些画家的人生历程告诉我们，没有人是依靠天赋成功的，成功只能依靠勤劳和付出。

我转到管理学领域是在1994年，为了理解和掌握这个学科，我整整花了10年的时间学习、阅读、观察企业、累积资料；为了能够缩小自己在这个专业领域与同行的差距，我要求自己每天都超时工作，尽量减少休息和睡眠；为了分析透彻一个企业几年的资料，能够了解一个企业战略的所有素材，到了不吃不睡的地步，常常连轴转，没有任何娱乐的时间。这在一些人看来是非常难以忍受的生活。但是，如果你想对一个领域理解透彻，想有成就，就不得不这样去做。

我热爱自己的工作和研究，也同样承认这样的工作单调和乏味。但是，当你能够领略这个学科的精髓时，当你能够贡献你的价值时，就有着鼓舞人心的精神上的极度满足，自己的能力也能够得到极大的发挥。**正是因为心无旁骛、全身心地投入工作，才有更多的时间来做更有价值的事情，精神世界才是充实和欢愉的。**

再也没有什么比北京大学孟二冬教授的治学生涯更能体现这句话："板凳坐得十年冷，文章不写半句空。"也许你们会觉得这样的生活太过清苦，**但是如果没有要坐十年冷板凳的精神，没有实事求是地估量工作中的困难，不知道成功来自无数次的失败，需要付出长期的、耐心的劳动，恐怕很难取得大的成就。**

当卡内基回答成功的秘密时，他这样说："任何职业中都有特殊的人达到巅峰，这些人不需要寻找赞助商，然而，问题是，他们如何使自己的业务有保证。每个行业的顶峰都会有大量机会，你的问题是如何到达那里。答案很简单：以比你同行业普通人多出一点点的能力来运营你的企业。如果你超出了普通人一点，你的成功就有保证了，成功的大小和你的能力大小以及你倾注的超出常人程度的心血成正比。经常有些人已经接近顶峰，但是，无以数计的人还是位于底部和靠近底部的位置。如果你没能成功地升级，错误不在起步阶段，而在于你自身。"

如果你愿意，你可以崇拜那些英雄，也可以用敬畏的眼光来注视你心目中的偶像，钦佩他们取得的巨大成就。但是，你要切记的是，并不是一颗多愁善感的心加上丰富的想象力就可以使你成为莎士比亚。正是勤奋写作和坚持不懈地探索，才成就了莎士比亚。

"人们渴求的不应是天赋，而是坚强的意志。"换句话说就是，人们不应一心只想着得到成功的助力，而要时刻保持勤奋劳作的毅力。

你懂得相信的力量吗？

● 一个人拥有"相信"时，他可以很好地接受生活中遇到的任何事情，他可以很明确地以自己的相信做出判断，从而不至于迷茫和混乱。

太阳把阳光洒在大地上，它并没有决定在哪里洒得多一些，在哪里洒得少一些。每个人能够得到多少阳光，取决于我们自己。如果我们坐在屋檐下，能够得到阳光照射的机会就会少，如果我们站在阳光下，阳光就会照耀在我们的身上。所以不是太阳有偏爱和不公平，而是人自己的选择决定了获得阳光的多寡。

得到什么并不取决于别人，甚至不取决于你所在的环境，而是取决于你自己，这和你是否拥有"确信"的习惯有关系，和你是否拥有"内心相信"有关系。

内心的相信，让人可以拥有确信的心态，从而获得安静和圆满。我们之所以如此焦虑和不满，之所以如此不安，就是因为我们不懂得这个观念。**相反，我们总是质疑、抱怨、挑战权威并自信和无所畏惧。**

我们应该坚定地相信科学是认识世界最为有效的方法。同时，我们也推崇挑战权威的行为，对于怀疑与质疑的精神同样持有认同和赞赏之心。

科学的确是认识世界的有效方法，但是如何认识心、认识人的本性，如何让心安静且祥和？科学似乎无法解决这些问题，换句话说，**如果要认识自己，认识自己的心，就需要一种全新的思维方式，这个全新的思维方式中的一种就是"确信"，就是相信与敬畏。**

在一次给学生的讲座中，一个学生问我"什么是相信"。学生连"相信"这个概念都感觉模糊和不确定了，由此可以想象得出他们生活中的困顿与焦躁。我在试着回答学生这个问题，也在澄清自己的认识。**相信就是一个人所认定的人生中最重要的事情。一个人拥有"相信"时，他可以很好地接受生活中遇到的任何事情，他可以很明确地以自己的相信做出判断，从而不至于迷茫和混乱。**

人活在世上，可以创造无数的奇迹，也会遇到很多的痛苦与挑战，如何让自己的创造有益于世界，如何让自己遭遇到痛苦和挑战时能够安然处之，这就需要相信的力量。

小时候你不曾迷失和困顿，因为那时的你相信父母，确信父母可以给予正确的指引。小学和中学时，你也不曾迷失和困顿，因为那时的你相信老师、相信知识，确信老师可以依赖，知识可以依赖，并给予你正确的理解。上了大学、进入社会，你遇到的挑战和痛苦加大，独立承担责任的压力开始让你困惑，同时因为能力的增强，你开始质疑老师、质疑社会，甚至质疑所学到的知识，找不到可以依赖的对象。压力与质疑导致更大的困顿。加之内心没有建立相信的力量，迷惑和困顿带来了更大的痛苦，因为相信缺失所产生的恶果又加重了这些痛苦和挑战。**我们自身的困顿大部分源于内心相信的缺失。**

我曾经听到一个国内很有名气的企业家对北京大学的一位教授说"您上课什么都不讲就是对学生最大的帮助",也听过一些企业家直接说"教授教的东西没有用""商学院和MBA(工商管理硕士学位)没有用"。如果企业管理者带着这样的心态回到学校读书,能够有多少收获就可想而知了。

我也承认老师们有局限性,老师们对于企业实践的问题没有更好的体验和沉淀。但是需要强调的是:**是否可以学到东西,并不取决于老师,而是取决于学生自己。如果学生愿意信任老师,具有敬畏之心,有收获的一定是学生自己,而不是老师。**

学习是自己的事情,可惜一些学生并没有领悟到这一点,反而认为学校和老师应该承担更大的责任。如果学生自己不做出调整,没有养成相信老师和相信知识的习惯,那么在商学院课程中想要有所收获,恐怕是做不到的。

老师也一样要调整自己,要有对知识的信任、对实践价值的信任以及对理论和实践之间关系的信任,这样才会发挥老师应该发挥的作用。如果老师自己都不相信理论的价值,不相信理论可以指导实践并解决实践中的问题,想要学生相信是不可能的。老师如果不提升自己的能力,也不去真切地理解实践和感受实践,和那些不相信回到商学院可以学到东西的同学一样,失去了内心相信的力量,又怎么能让自己拥有被相信的影响力呢?

一个人在内心拥有确信的能力,他就会对自己的力量担负责任,因此会显得比较内省与内敛;他会有敬畏之心和恭敬之心,他会依赖于内心力量的牵引。相信往往展现为人内在的对自我要求的定力。

对"恭敬"和"敬畏"之心的理解，让我获得了一种轻松的感受，发现拥有相信并没有那么困难。只要怀着恭敬之心，相信老师、相信家人、相信生活，对周遭怀有敬畏之心，内敛与内省，就会获得内心强大的力量。有了确信的能力，人生的痛苦和挑战都能够面对、接受，并安然处之。

我们要选择自己的生活方式

● 与其说1900放弃了生活,不如说他知道哪种生活更适合他自己。

仍然是在飞机上,仍然是像从前一样胡思乱想。

对自己而言,胡思乱想似乎就意味着安全和温暖,这几天无论在新加坡、上海、南京还是广州,总是处在遐想的状态。

刚好在飞机上看《海上钢琴师》,是意大利导演托纳多雷的作品。很偏爱他的作品,比如《天堂电影院》《玛莲娜》(又译为《西西里的美丽传说》)等。

《海上钢琴师》讲述一个生于船上的小孩1900,他从来没有在陆地上生活过,几十年里,1900只懂得守住一架钢琴,成千上万的游客来来去去,只有他如故,他最终放弃上岸。与其说1900放弃了生活,不如说他知道哪种生活更适合他自己。

而我们自己呢?**现代人最大的苦恼就是机会太多,欲望太多,能力也太强,但是精力有限。**

还是托纳多雷的作品,《天堂电影院》里艾莲娜对托托说:"如果30年前我们结婚,你就不会拍出那么多优秀的电影了,你的电影很精彩，我每部都看过。"30 年的等待，只是因为阿尔弗雷德的一句谎言，也许根本就荒谬得不需要理由，艾莲娜却由此选择了她的生活方式。

陈让前不久发来他的游记《川西故事》，他是一个搞技术的人，但是每年都约伴找寻优美的自然风光，每每看到他的游记和漂亮的照片，**我都羡慕他的生活方式**。

几年前，我曾送一幅字给前辈廖明洵教授，今年他送来对子一幅，笔锋强劲，线条流畅，退休后的他与书法为伴，情趣与身心交融。

前年，小月突然告诉我她辞去硅谷的软件工程师的工作，放弃原有的生活习惯，跑去学弹吉他、修禅，现在学习针灸和中医，以此来实现自己的追求和意义。

婉姨辞去国旅副总的职位，在 50 多岁时选择创业，问她为什么，她说只为看看自己的能力，了却自己的一个梦。

新加坡国立大学的曾在本教授更是在 60 多岁创立培训公司，看到他中新两地来回奔波，瘦弱的身躯承受旅途、饮食和生活习惯不同的辛苦，问他为什么，他回答只因对培训的热爱。

迎风而站，看衣衫飞扬；雨中伫立，任大雨滂沱。很羡慕知道自己需要什么的人，更羡慕不为外情所动、不为内欲所摇的人，**执着地去做自己认为必须做的事，也许他们没有光辉的业绩，没有惊人的影响，但是他们无愧于自己的一生**。

今天刚好看到高雅劲教授发来一封邮件，传了一篇文章给我看，题目是《一生中什么是最重要的？》，文章给出答案，**一生中最重要的是家人、朋友、健康**。

只是如果看看自己，看看周遭，又有多少人把生活的重心放在家人、朋友、健康上呢？我们不断地挤压陪伴家人的时间，我们不断地追求商业价值和社会地位而忽略对家人、朋友的付出和关爱，我们不断地透支我们本已脆弱的身心，而且还振振有词地说："要超越一切变化。"

我也更明白了自己为什么喜欢1900，因为他没有上岸。

人生其实是书写自己履历的过程

● 认真地刻写每一个痕迹，才是人生的真谛，所以读大学时就应该认真上课、认真读书、认真写作业、认真考试；工作时就应该认真对待每一个岗位；为人儿女、为人夫妻、为人父母、为人朋友就应该认真做好每一个角色。

去南海的路上有一个叫作南国桃园的地方，之所以最喜欢这里，不是因为它的风景，而是因为它的名字，"枫丹白鹭""桃源玉宇"，有时美是一种想象，不需要太真切的东西。

生活的美是在朦胧中成就的，如果你可以让自己与现实拉开一点距离，把自己放在一种意境中，放在一种理想中，一切便都不同起来，因为，**想象是可以把持的美，现实却是不能期望的美。**

我们因为生活在现实中，所以会非常强调现实的作用，每每到企业中，人们无法形成良好的工作习惯时，会说这是中国文化的问题；无法做到产品的精益求精时，也告诉我这是中国人的现实；遇到行业内恶性竞争时，人们会告诉我这是中国国情。

于是就有了无可奈何的态度、安于现状的心境、无为而治的追求以及同流合污的理由。

难道真的就无所作为了吗？林肯的美国之路，支撑他的是对现实的藐视；邓小平的改革是理想对现实的征服。**也许你无法改变这个世界，可是你可以让自己活在理想中，而不是现实中。**

"南国桃园"中并没有看到桃花，夜晚来临时反而看到细细柔柔的雨花，觉得很舒服，雨的灵性通晓了我的心，细细碎碎的雨声好像是在细语，叩敲着心扉。树叶的青翠与雨交融，在车灯的映照下，呈现出一派温馨的感觉，山径、灯光，加上轻轻的雨语，浓夏的夜话，久久不能散去……

自己属于偏爱孤独的人，大部分的时间只是在心灵上自己和自己对话，当年在北师大学哲学时，对爱尔维修偏爱，但却没有学到他的真谛。

后来又狂爱上休谟，认为生命是在怀疑中寻找真谛。好在房龙的"哲学的童话"让自己觉醒。"世界是什么？""人的本质又是什么？"那是一生的过程，又怎能在自闭的对话中找到答案呢？

苏格拉底说过："未经省察的人生没有价值。"左拉则说："愚昧从来没有给人带来幸福，幸福的根源在于知识。"

苏格拉底常常拿德尔菲神庙的神谕"认识你自己"作为告诫世人的箴言。"认识你自己"，作为神谕，是向人说的，其具体的含义即是：**在全能的神的面前，认识人的无知！**这个哲学的最高命题，我们至少可以这样理解：人类也许还是非常无知的。

培根说："一个人如果从肯定开始，必以疑问告终。如果他准备从疑问开始，则会以肯定结束。"

17世纪法国伟大的数学家、物理学家、哲学家笛卡儿,提出"普遍怀疑"作为他的哲学的重要原则。他为了寻找建立他的哲学基础,要对以往所坚信的一切东西都普遍怀疑。

他不仅仅怀疑我们感觉到的所有物体的存在,而且怀疑感觉器官的存在,怀疑肉体的存在。他设想,每天所见的天空、云彩、大地、万物,是不是全属于虚假,只是一个巨大的魔鬼布置下专门迷惑人的东西呢?

也许你会认为他是个疯子,可是正是他的体验,提出了"我思故我在"的著名原理,建立起自己的数学体系和哲学体系。

我很欣赏和认同蒙田的观点:"**每一个人最根本的职业就是生活。**"我们的职业既然就是生活,那么我们就应该知道人生是无法用外在的东西来理解的,它必须用你自己的行动,用一个一个的脚印去一行一行地书写,**人生的意义实在是一种实践的学问**,好似一个陌生的人说的那样:人生其实就是书写自己履历的过程。

该确信,认真地刻写每一个痕迹,才是人生的真谛,所以读大学时就应该认真上课、认真读书、认真写作业、认真考试;工作时就应该认真对待每一个岗位;为人儿女、为人配偶、为人父母、为人朋友就应该认真做好每一个角色。

这不是伟大与平凡的问题,这是人生意义的问题。生活的每一阶段就如一个个跳跃的音符,只有好好地谱写在生命的五线谱上,才可以奏出美妙的乐章。贝多芬的旋律是一生的心血,我又何尝能偷闲!

没有桃花的桃园,应该是你我的"世外桃源"。

如何理解共生信仰和它的三要素？

● 乔布斯认为，"这辈子没法做太多事情，所以每件事情都要做到精妙绝伦"。

我常常在想，是树选择了特定的土壤，还是土壤造就了不同的树？企业如树一般，在成立之初就已经在不同气质的土壤中孕育了，这个"土壤"就是组织信仰，它像气息、血液或者灵魂，虽无法物化，但却实实在在决定了组织这棵树在未来是辉煌还是死亡。

1880年，担任银行职员的乔治·伊士曼开始利用自己发明的专利技术批量生产摄影干版，这便是伊士曼·柯达公司的前身。

1883年伊士曼发明了胶卷，使得摄影行业发生了革命性的变化。

1888年柯达照相机推出，伊士曼奠定了摄影大众化的基础。

1889年伊士曼摄影材料有限公司于伦敦成立。

1891年伊士曼在伦敦附近的哈罗建造了一座感光材料工厂。

1900年柯达的销售网络已经遍布法国、德国、意大利和其他欧洲国家。

1921年柯达进入中国，发展到2002年，中国的柯达彩印店已高达8000多家，店铺数量是肯德基的10倍、麦当劳的18倍。

到 1966 年，柯达海外销售额已经高达 21.5 亿美元，成为感光界的霸主，当时位于感光界第二位的爱克发（AGDA）销量只有它的 1/6。

柯达的决策层都是传统理工科出身，尤其以化学学科的居多。他们对化学具有很深的迷恋，但是这些理工科背景的高层管理者却一而再、再而三地忽视了替代技术的持续开发。

早在 1912 年，柯达就成立了美国最早的工业研究实验室之一，从 1900 年到 1999 年，柯达的工程师们共获得了近两万项专利。1975 年，柯达实验室就研发出了世界上第一台数码相机，却不敢贸然进入尚属未知的数码市场。

正如《大西洋月刊》所评价的，"柯达善于发明，却不善于将这些发明转换成商业利润"。

柯达呈现出的组织信仰可以表述为"迷恋自身的专业领域"，这致使它无视数字技术对传统技术造成的极大挑战，最终如一个作家所讲，柯达"像一个壮汉猝死，像一个勇士牺牲"。

一个未经历成长的组织，往往更多地纠结于市场机会，自然无从谈起商业信仰。但成长型的组织，它的信仰决定其成长过程中的方向、内涵和未来。

一个有着雄心壮志的组织，即使能获得商业成就，也只是完成一半的商业文明，因为如果它只关注组织自身的发展，就无法建立起未来可持续发展的商业世界。

拥有共生信仰的组织（简称共生型组织），是未来组织进化的基本方向。共生型组织具有协同其他组织共同发展的热情，这非常朴实而又符合自然法则。

研究表明，共生型组织所认知的自然法则就是爱、尊重与和谐，在这些自然法则的引导下，组织显示出的特质有"自我约束""中和利他""致力生长"三个方面，正是这三种特质共同发挥效力，成就了组织持续发展的内在驱动力。

▶ 01 如何理解"自我约束"？

"自我约束"是共生信仰的重要维度，**它代表的是组织有意识地控制自己以及有原则地对待外界**，由于它直接表达了组织对待各类问题的原则，因此也是组织运作的基本理念所在。

乔布斯对细节几乎不近情理的追求，是苹果公司领导团队"自我约束"的风格体现。乔布斯认为，"这辈子没法做太多事情，所以每件事情都要做到精妙绝伦"。

为了把事情做得精妙绝伦，乔布斯对细节的要求甚至达到了"近乎变态"的境界。

在 Mac OS 人机界面的设计过程中，柯德尔·拉茨拉夫带领的设计团队需要定期向乔布斯展示最新的设计方案，在汇报的过程中，就如拉茨拉夫所讲，乔布斯会一直深入到每个细节里去，详细勘察每一方面到像素的级别上去。他可以一个像素一个像素地进行对比，来看看是否匹配。

每次展示，乔布斯都会提出改善意见，设计团队根据这些意见再不断地修改，直到乔布斯满意为止。乔布斯对细节追求的作风不仅影响他人、打造了一个全体注重细节的团队，而且激励了员工，让他们可以创造出超越自己能力的成果。

此外，苹果公司对简洁的专注也是"自我约束"风格的体现。乔布斯曾经如此评价自己："我有这样一句魔咒——专注与简单。简单之所以比复杂更难，是因为你必须努力地清空你的大脑，让它变得简单。但这种努力最终被证实为有价值，因为你一旦进入那种境界，便可以撼动大山。"

乔布斯对简洁近乎偏执的追求，实质是对顾客体验的极致化追求。摒弃了传统手机复杂的按键，iPhone 和 iPad 开创性地仅保存了一个 Home 键，但它已经足以帮助用户完成所有操作，这便是乔布斯追求简洁的最好体现。从此，极简主义成为苹果产品的核心以及苹果未来发展的基础。

乔纳森·伊夫领导的苹果设计团队更是让简洁成为所有苹果产品的通用语言，乔纳森带领团队研发的明星产品 iMac，更多地考量用户在使用电脑时的安全和便捷，它无论在体积还是在造型方面都做了简化，而且又巧妙地保持了苹果产品和其他产品的差异化，让 iMac 有着极高的美观度和实用度。

因此，从一定程度而言，**正是乔布斯的自我约束，才使得苹果的产品令人赏心悦目，深受消费者的青睐甚至追捧。**

我们再来看看华为，通过华为信仰体系不断完善的过程，看一下信仰体系如何推动华为成为全球信息和通信技术行业的先锋。

华为信仰的基石是企业文化所产生的观念性力量，即传播知识与思想的力量，这是一种容易获得一致拥护的路径。

华为在企业文化方面是强势的，它一直在强调，世界上的一切资源是会枯竭的，唯有文化生生不息。华为的企业文化体系是推动华为打造全球竞争优势的重要因素。

更深入地研究后发现，华为的文化体系来源于《华为基本法》以及华为内部一系列的文件和规范，而它们最终来自任正非的"思想云"和"思想雨"。

任正非认为自己"20多年主要是务虚，务虚占七成，务实占了三成"，并且将自己的角色定位于学习、思考、交流和传播，这也正是任正非与华为的"自我约束"能力。

为了把企业文化落实到行动中，华为在传播知识和思想上别具匠心。任正非把军队管理中的**"书记式"思想交流**，挪用到企业管理之中，使得华为的管理文化一步一步趋向民主化和科学化。

华为每周进行一次部门的思想交流会，交流会上大家不分工作级别，不分工作年龄的长短，只要有好的建议，都可以畅所欲言。

2004年，华为高层确定了**"干部任用实行一票否决制"**，2009年之后，又进一步实行**"三权分立制"**，即用人部门的实体企业行政管理团队有干部建议权和建议否决权，上级部门的实体企业行政管理团队有评议权和审核权，道德遵从委员会有否决权和弹劾权，三权认定之后，必须在公司网站公示15天，最后才能正式任命。

这两种极其普通而简单的做法，意味着华为"把权力关进笼子里"，它营造了一种民主讨论环境，员工随时可以接受从上至下的统一思想传播，同时他们也有非常多的渠道可以从下至上地反映问题，并提出解决方法。

研究认为**华为信仰体系的执行渠道是股权分配带来的功利权力**。

在股权分配方面，华为管理层为员工设计的价值实现和价值分配体系十分出色，在当前的中国环境下几乎臻于完美。任正非股份占比 1.42%，是华为个人第一大股东，其余的 98.58% 为员工持有。截至 2011 年年底，在华为 14.6 万多员工中，有 65596 名员工持有公司股份。[1]

到了 2015 年，任正非股份占比 1.40%，84500 名员工占比 98.60%。这恐怕是全球未上市企业中股权最为分散、员工持股人数最多的一家公司，在其背后，不仅是领导者难得的胸怀，更是全体成员的信任和付出。

"**以奋斗者为本**"是华为核心价值观的一部分，这不单纯是一句口号，更不是书面上的价值观，而是切实的奋斗者创造价值并实现价值共享。

华为内部对奋斗有明确的定义，任正非表示，"什么叫奋斗？**为客户创造价值的任何微小活动，以及在劳动的准备过程中，为充实提高自己而做的努力，均叫奋斗**，否则，再苦再累也不叫奋斗"。

此外，华为信仰体系中的另一个重要因素，也是一般企业难以实现的要素，便是企业内外部成员不约而同对华为产生的集体信念，每个人都自觉地约束自己成为集体信念的践行者。

华为坚信，一个人不管如何努力，永远也赶不上时代的步伐，更何况在知识爆炸的时代，只有企业数十人、数百人、数千人一同奋

---

[1] 田涛，吴春波.《下一个倒下的会不会是华为》[M]. 北京：中信出版社，2012.

斗,才能"摸到时代的脚"。

同时,华为也意识到当企业和员工在一致对外开拓时,大多数员工都是积极的,但在事关利益时,大多数员工会选择个人利益,这种情况下,如何让大多数员工选择整体利益便是华为的核心。

出于对企业力量的全面理解,华为给华为人赋予了公平的利益共享的权利,不妨看一下《华为基本法》在"利益"的条目下第五条,"华为主张在顾客、员工与合作者之间结成利益共同体。努力探索按生产要素分配的内部动力机制。**我们决不让雷锋吃亏,奉献者定当得到合理的回报**"。

早在2012年华为就给员工提供了125亿元人民币的年终奖项,这样的利益分配无疑确保了华为员工信奉华为的选择,而这种选择的稳定性便成为华为集体信念的一部分。在华为的分配制度实验中,股东、劳动者和价值生态圈(包括客户、供应商等)的共赢,给公司带来了持续30年的高速增长。

由此可见,**华为的力量来源于企业内外的整体信奉,这也是华为持续发展的动力所在**。在未来三年、五年乃至十年,由于华为在其内部管理流程、核心技术、市场占有份额等方面已形成了独特而又难以超越的优势,这个团队便有了很强的凝聚力。

正因如此,在当下所谓"信用大幅缩水、忠诚加速折旧"的时代,18万华为人依然可以对华为这个商业企业形成持续的、特有的凝聚力和向心力,从印度班加罗尔到英国伦敦再到美国硅谷,从北非利比亚到冰岛、格陵兰的全球发展进程中,员工的追求已不仅是工资奖金等回报,因为他们付出的不只是时间,同时还有自己对华为的信任和坚守，这是一份内在的"自我承诺"。

在技术高速发展的时期，组织的关注点容易集中于外部变化而忽略了对自我的约束，这是很多组织难以避免又必须克服的盲点，而这个盲点出现的根本原因在于组织中整体信仰的缺失。**共生信仰不仅是组织自身信奉和追随的，更应该成为组织所覆盖的所有成员共同为之奋斗和坚守的。**

▶ 02 如何理解"中和利他"？

共生信仰的第二个维度——中和利他，这是个非常基础而又极富内涵的法则，**它表达的是在整个组织管理过程中以整体利益为核心，充分尊重他人，以开发他人的潜能为己任的管理模式。**

此维度围绕员工和顾客展开，不仅涉及对员工和顾客的重视，而且包含对生命的充分尊重。

乔布斯极其重视招徕人才、汇聚精英，他曾经表示，"**我过去常常认为一位出色的人才能顶 2 名平庸的员工，但是，现在我认为能顶 50 名平庸员工**"。因此，组建由一流的设计师、工程师和管理人员构成的团队，一直是乔布斯的核心工作，他把大约 1/4 的时间都用于招募人才。

为了进一步留住精英人才，乔布斯取消了大部分现金奖金，而是改用股权奖励的方式，并且创新性地推出了很受欢迎的股票购买计划，即员工可以用自己的薪水购买折扣股票，并且确保员工购买股票的价格为购买之日前六个月的最低价。这一措施的执行，让员工获得了丰厚的回报，也成为吸引人才的亮点。

此外，在产品研发、顾客服务等方面，苹果都一致地表现出对组织成员和顾客的尊重。在"产品跟随"的年代，苹果的多数产品以技术可行性为前提展开。技术为主、产品为辅的方法使得产品的开发难度下降，开发的时效性得到有效保障，但是产品配合技术的方法不仅严重限制了员工的创造力，而且造成了产品研发和市场需求之间的严重脱节。

乔布斯完全推翻了这样的规则，要求以顾客的体验感为主要评判标准，开展产品研发和市场改进的工作。为了更好地了解顾客，乔布斯要求苹果的团队接触顾客，挖掘顾客需求，而非依靠第三方专业的调查机构。这种改变不仅有利于开发符合市场需求的产品，而且将整个产品研发的中心从技术真正转向顾客价值。

购买过苹果产品的消费者都会注意到一个很小的细节，即打开苹果产品的包装后，首先展现在面前的一定是产品本身，而绝非复杂的内包装或者厚重的说明书，这个完美呈现产品的细节，表达出的正是苹果产品对设计者的尊重和对顾客的利益关怀。

一部 iPad 或者 iPhone，它显然不是设计者为了设计而设计的产品，而是饱含苹果公司以及设计者生命元素的作品，即使生命元素可能只是其中一个小而简单的环节。

有个简短的报道这样写道："近日，美国前总统老布什突然剃了一个光头。他的发言人透露，其保安团队一位成员的两岁小孩患上了白血病，在治疗过程中头发掉光了。听说孩子要来，老布什赶紧把头发剃了，其他随从也都剃成光头，老布什告诉小宝贝：我们都是天生光头党，你要好好治疗哟。"

和苹果产品一样，这个看似具有浓厚的美国文化特色的报道，突出的是在尊重生命方面更加实际的内容，表达的是美国特有的真诚和趣致。

乔布斯曾经认为，苹果生活在一个生态系统中，在这个生态系统中需要相互帮助。于是苹果公司独创性地与谷歌、耐克、微软等多家组织合作，搭建了包括供应商、生产商以及用户等在内的价值网络，推崇由价值网络带来的合作共赢。

在这个多方联合的价值网络中，苹果处于中心位置，不仅保证了对用户体验的有效管理，而且带动了合作主体的和谐发展。通过生态系统的运作，苹果公司不仅迎来了其他合作者的利益共享，而且丰富了自身的创意与价值。

谈到组织内部时，人们一般会考虑到很多经典大企业的困境，高利润的瞬间产生带来大量团队，随着规则被创新，竞争重点随时有可能让利润点转移，一旦发生转移，现有团队的解散和新团队的组成能力就成为企业成败的关键。

此时，企业是否能遵循变化趋势及时进行改变，大企业的"活力"能否及时转型并产生新的强大的赢利能力，这是个老生常谈的问题。

今天除了组织内部这样的难题之外，还有组织间所产生的利益冲突、环境巨变以及不确定性带来的波动，组织内外的动荡，更需要根本的解决之道，让组织在动荡中找到自己的位置以及形成一个在动静之间平衡的成长环境，这个环境被称为组织的"生态环境"。

也是从这个角度去看，按照生态的逻辑，"中和利他"就是形成这种**生态环境的根本信仰维度**。

组织设计的意图和构思以及最终的落实执行，都需要有一种力量保持机体对外部刺激的敏感性，更需要有一种力量保持机体对内不断地孕育能量，而这种力量正是集体的信念——信仰。

换言之，组织成员可以多元，外部环境可以多变，但**让组织大系统始终保持整体性的，是信仰之下的价值观所产生的强大凝聚力**，在共生型组织中，这点尤为重要。

▶ 03 如何理解"致力生长"？

致力生长是个非常基础但又容易被忽视的法则，因为在竞争日益胶着的时代，虽然保持生长是每个组织必须全力以赴的选择，但是在面对利益时，组织常常会滞留既有的安全区，因偏执地追求短期利润而逐渐丧失长久发展的能力。

组织对生长的追求不是通过呐喊口号，而是通过产品和事实将生长的逻辑和行为输入组织中，让组织保有克服一切困难一路向前的热情和冲力。

乔布斯在斯坦福大学 2005 年毕业典礼演讲时，谈到人生中最美好的一段经历，"从苹果公司被炒是我这辈子发生的最棒的事情。因为，作为一个成功者的负重感被作为一个创业者的轻松感所重新代替……这让我觉得如此自由，进入了我生命中最有创造力的一个阶段"。[1]

20世纪90年代后期，苹果公司连年经营不善，在Windows不断壮大的发展势头下，苹果电脑的市场份额一落千丈，几乎处于败落的边缘。迫于市场的压力，这家创新型的高科技公司逐渐将战略转为跟随，慢慢丧失了引领性和自主性。

1997年乔布斯把"创业者的轻松感"带回了他曾经创立又被驱逐出的公司，希望重新振兴它。

为了让员工从产品本身提高自信心，乔布斯重返苹果的第一件事情便是重新梳理产品线。他为苹果定下了规则——与众不同才是好的，并提出"Think Different"（"不同凡想"）的产品评判标准。

在新的标准下，乔布斯带领员工逐个评估苹果公司正在进行的项目，在一系列貌似冷酷的摒弃计划实施后，最终从近百个项目中选择了"与众不同"的10个，并推出了两款重磅产品——设计独特、出众易用的iMac和承载着"口袋里有1000首歌曲"承诺的iPod。

乔布斯带领团队着力打造最倾向于消费市场的项目，重新激发了企业的生长力。

乔布斯不仅把创新输入产品研发的过程中，而且贯彻到产品营销的全过程。无论是iMac，还是iPad或者iPhone，每一款新机型出现时，让顾客惊艳的不仅是引领行业潮流的外观和各项代表最新技术的参数，而且是价格标签。

顾客期待着新产品的价格，当价格公布后，他们发现新产品总是

---

[1] 沃尔特·艾萨克森. 史蒂夫·乔布斯传[M]. 北京：中信出版社，2011.

与同系列的前一款产品新上市时的价格差不多或者一样，例如 iPad 2 最新发布时的价格是 499 美元起，这个价格不仅与第一代一样，而且是其他同类产品所无法达到的高性价。

苹果坚持"让不同阶段的人在不同时期可以尽可能地享受到苹果产品"的定价原则，希望顾客在看到新产品时，能不断对比之前的产品，以此不但让顾客接受新产品的价格，同时还可以满足消费者以低价格拥有老产品的需求。

因此，每次苹果发布新产品，不仅会提高新产品的预售，而且会进一步带动老产品的销售。

围绕直营店销售方式开展的营销模式被视为乔布斯的"神来之笔"，这种将体验作为产品出售的营销方式，不仅为顾客提供了实际感知产品和服务性能的便利性，而且拉近了顾客和企业之间的距离，让顾客在心理和精神上获得了被尊重的满足感，因而，它帮助苹果公司获得了大量顾客的青睐。

在今天，体验营销成为产品、企业与顾客之间建立连接的重要力量，这恰好说明了乔布斯创新的前瞻性。由此看来，苹果公司的卓越成就，是因为在智力和资金之外，"自我约束""中和利他"和"致力成长"使得它充分保有了活力，而且发展张弛有度，并由此孕育了共生信仰。

在 30 年的研究过程中，我们的团队对多家组织的数据进行汇总和分析，最终看到了这样一个事实：在组织发展的过程中，团队可以逐渐增大，顾客和供应商可以无限增多，技术可以无穷提升，业务可以更加多元，但是在这些**增长的背后，是组织共生信仰带领下的企业**

价值观和文化的集体凝聚力。

研究进一步表明，共生信仰包含**商业模式**和**集体信念**两个部分，**在具备可持续发展能力的商业模式基础上，各方形成集体信念，共同构成组织的核心。**

组织的发展进步，源于它对商业模式的不断创新和对集体信念的持续追求，并始终将共生信仰作为自身的奋斗准则。商业模式是第一要素，**组织只有具备了积极调整商业模式的能力，才能够深刻地体现商业的真正意义。**无论是小公司还是大公司，它们生来就是让世界变得更美好的，哪怕单个公司做出的努力只是让世界改变了一点点，它也因此具有了存在和发展的基础，商业模式便是这个基础。

研究发现，即使已经达到一定规模，即使在一定阶段内已经具备商业赢利的持续能力，组织仍然可能会慌乱或茫然。

从思科、谷歌、高通到华为、腾讯、联想，从摩托罗拉、诺基亚到苹果、微软，既可以看到一些好产品、好公司在衰退，也可以看到新产品、新公司在上升，此消彼长的变化展现了各个组织之间的竞争和市场格局的变化。

与此同时，越来越多的大公司以拼命占领更多的市场和机会开始，随后又不断地将过去的收购、兼并、投资以昂贵的代价抛弃，呈现给外界的是一种"慌乱"，因茫然而慌乱。

具有悲情色彩的操作系统 WebOS 带给惠普的是短暂的惊艳。2010年，惠普以12亿美元收购美国 Palm，WebOS 一并转入惠普之下。WebOS 承载了惠普自立门户的野心，惠普大力将其投入手机、打印机乃至个人电脑的应用中。

但是次年 2 月份，惠普发布的搭载了 WebOS 的 Veer、Pre3 智能手机和 TouchPad 平板电脑却销量平平，最终惨淡收场。半年后，惠普决定停止研发象征着进入未来移动互联领域竞争的 WebOS，并在 2014 年 10 月宣布将于 2015 年 1 月正式停止支持 WebOS 设备云服务，这意味着惠普给已停止研发的 WebOS 系统最后一击，早在三年前就处于"植物人"状态的 WebOS 被宣判"正式死亡"，最终 WebOS 还是没能实现惠普的野心。

惠普专注于能够带来更多利润的企业级信息服务，这无可厚非，但是战略上的摇摆不定，让外界看到的是"慌乱"的惠普。

造成这种"慌乱"状态的原因，是企业自身的封闭和对环境变化的迟钝，是集体创新能力的缺失以及热情、活力和好奇心的衰弱。

因而，商业模式是组织的首要但并非唯一的要素，优秀的产品和服务都有一个共同点，就是组织都有足够坚定的信仰，这个信仰既有提供美好产品和服务从而让世界更美好的坚持，也有做得更加精致、把一切推向极致的完美主义理想。

总之，**商业模式只是让企业具备了生生不息的可能性，只有当信仰成为集体秉承的力量，组织才能更好地度过发展过程中难以避免的茫然期。**

共生信仰可以让组织经受各种经济环境的考验，重新获得日益失去的创新能力，可以帮助组织避免商业模式准备不充分就仓促上阵的慌乱，甚至可以用一种完美主义的操作流程更好满足顾客的需求。

我读中国哲学心得（上）：得之于己

● 人们不断地调整自己的价值观以适应环境的变化，表面上看好像没有什么错误，但是一旦离开了"本性"的追求，就会出现盲目和非理性。

中国的哲学思想，要谈起来需要阅读很多的书。因为哲学这个名词不是在中国土生土长的，而是随着日本对西方文化的吸收而流入中国的舶来品，因此，中国古代没有专门的一本书是谈"哲学"的。但是，这种西方所谓的"哲学"，也即对事物的运行规律和引起这规律的形而上的本体的研究，却在中国古代的很多书中体现出来，就像中国古代不谈什么"逻辑学"，但逻辑已自然而然地融入了每个人的言行之中一样。

举个例子来说，"**前不见古人，后不见来者。念天地之悠悠，独怆然而涕下**"。这是大家都熟悉的唐代诗人陈子昂的诗句，你说这其中有没有"哲学"？有没有"逻辑"？有，当然有！它表达了一种什么样的哲学思想呢？**人世沧桑，岁月更迁，就像《周易》所表述的事物迁流不息，永远变易的思想一样**。它所表达的逻辑——由前到后，由古到今，由天地到人物，由触景到生情——这正是逻辑。

我请教了哲学大家和朋友，下面这些书是专业人士给我的书单：四书五经、《老子》、《庄子》以及随佛教的传入而来的一些典籍——《楞严经》《金刚经》《法华经》《华严经》，还有各个时代代表人物的著作，包括佛教传入之前的诸子百家，及汉代的司马迁、班固、董仲舒等人的作品，佛教传入后的唐宋八大家，及明清时期的李贽、王夫之、顾炎武、曾国藩，道家张伯端、禅宗六祖慧能大师、明代四大高僧等人的作品。他们建议这些都应该好好地研究。由此说来，要研究中国的哲学思想，的确不易。

虽然我也花了一些时间阅读这些书籍，曾有一段时间，每一天都泡在北师大的图书馆里，甚至到了"废寝忘食"的地步，但是发现自己依然不能够了解到中国哲学的精髓。当自己研读《易经》时，似乎有了一些感觉，这些感觉帮助我开始理解中国哲学所关注的命题。

研究中国的哲学思想，尤其是儒、道及诸子百家等，老师建议首先要学习《易经》，尤其是孔子对《易经》的注解之文，因为《易经》的哲学思想正是通过孔子的泛释而发扬光大的，引领以后的思想发展。可以说，《易经》包括孔子的注解，是中国土生土长的哲学思想的源头，也是中国哲学思想的主干。

那么，《易经》表达了一种什么样的思想呢？《易经》所表达的是形而上的本体和形而下的运行规律，而且偏重于后者。这形而上的本体可说是"不易"，形而下的运行规律可说是"简易"。规律虽是"简易"，而现象却是"变易"，即永远在流动、在改变。

先说这"不易"的本体。它是一种形而上的东西，它能引发各种功能，而它本身却是不被这些功能所转变的。打个比喻，它像一面镜子，它能随所面对的不同物体而显现不同的影子，而作为镜子本身却是不被这些影像所改变的，即它是"不易"的。

就拿我们人来说，它能导致我们的七情六欲，我们的所有行动和思想可以说是它的功能，它的"影像"。因此，我们的语言也可以说是它的功能，而对这一本体却很难表达清楚，正所谓禅家所讲的"离心意识"。所以，**儒、道、释都提倡静坐，在静坐中进入一种"状态"，而这个"状态"就是对本体有所"体认"，也就是所谓的"神秘体验"。**那么，这个本体是不是我们身体的结构所导致的一种状态呢？

本体是古代所说的"本性"，那么，用什么办法来"体认"它呢？只有"静坐"，反求内心的方法，这就包括儒、道、释的一些方法，因为能力所限，无法述及。孔子曰："不在其位，不谋其政。"的确这样，有些东西不是靠人的思维和想象所能验证的，只有亲身到了那个地步，才能真正体会到它是什么味道，所谓"如人饮水，冷暖自知"。人唯有自身不断求证，不断反求自身，或许才可以理解本性所求到底是什么。

为什么形而下的运行规律称之为"简易"呢？**随着时间的推移，任何事物都在变化，人类历史的车轮不断转动，但当你阅读一些历史书时，是否觉得历史在重演？**这种重演没有"1=1"完全吻合的意思，只是在某种相似的情况下，发生的结果也大都相似，可以说，有着某种规律。究其原因，皆因"人"是历史的主体，虽然时代不同，但人是核心这点没有什么大的改变，其中尤其是人的性情没有什么大的改变。这种"情"是指人的各种欲望，佛学将它归纳为"贪嗔痴"。的确，如果将人类的历史从这种角度来审视一番的话，都是一些人为达到某种目的、满足某种欲望而已，只是所用的手段略有差异，也有甚者完全相同。

这或许是"简易"的规律吧！

"情"，也即人们的欲望，它给人们带来幸福和烦恼。幸福是追求到以后的短暂满足，而烦恼则是追求不到的苦闷和追求到后又怕失去的忧郁。**作为追求，永无止境，作为欲望，不可能得到满足，因为一种被满足了，另一种又出现了。**俗话说："饱暖思淫欲。"倘若为满足欲望而无止境地努力，则永远不会安宁或安宁只是短暂的。

那么，怎么办呢？

儒家要求人们把欲望控制在一定范围之内；道家要求不要管欲望，"退一步海阔天空"；释家则要求认清欲望的面目，从而达到"行于所当行，止于所当止"，而它们采取的基本措施都是定下"清规""戒律"。儒家将"仁义礼智信"作为做人的标准，道、释两家都有"不杀生、不偷盗、不邪淫、不饮酒、不妄语"的五戒。

儒家从正面讲，道、释从反面讲。遵守这五条戒律不仅能给自己带来身心的健康，还能帮自己处理好各种社会关系，从而使自己生活在一个安全、舒适的环境中。因此，儒家提出"大同"思想以及人的最高标准——君子，他"温良恭俭让""忠孝仁义"，这都是在"仁义礼智信"的基础上建立的。

人生活在社会上，就像一张张网，人是网上的节点，网上的线是各种社会关系。因此，处理好各种关系非常重要。毕竟作为一种交往，有所施就有所报。儒家说"忠孝仁义"，只要能把握好，"忠孝仁义"是一个很好的准则。只是这"度"的把握比较难，孔子说"智者过之，愚者不及"，而"过犹不及"。

在古人的认识里面，他们一再强调"不易"和"简易"，为什么？因为，社会是不断变化的，怎样把握住它，从而能处变不惊，并能很好地做一些事情呢？这就是古人的方法和目的。

古人提倡读四书五经，"经"是什么？是规则、规律，是事物运行的大原则。"四书"讲什么？讲怎样把握和体认"经"。这恰恰是我们今人所忽视的东西，我们在技术的帮助下，更多地在注重变化和表象，但是没有人能够有足够的定力来寻求内心的"本性"，也没有人能够在纷繁复杂变化的环境里寻找到规律，人们不断地调整自己的价值观以适应环境的变化，表面上看好像没有什么错误，但是一旦离开了"本性"的追求，就会出现盲目和非理性。

如果让我简单地概括我学习中国哲学的心得，可以说中国哲学的一个特点是首先"得之于己"，这也是中国哲学的出发点和着眼点。这个"得"就是对"性"的"体认"，从而达到"天人合一"；这个"得"也是对"情"的"合理控制"，从而达到"发而皆中节"。正是由于这一点，古人的生活能够充实、快乐，"无为而无不为"。

我读中国哲学心得（下）：用之于世

● 对"度"的把握非常重要，最好是能够知道什么时候该怎么办，但这很难。

从某种程度上讲，我是行动派，**我一直主张无论是理论还是思想，必须付诸行动；无论是知识还是学习，必须转化为行动的结果，否则毫无意义。**

也许自己太强调这一点，所以在研修学习中国哲学时，也是用这样的方式思考，当"得之于己"是我所了解的中国哲学的出发点，那就要继续思考，"得之于己"之后就应该是"用之于世"了。

为什么要"用之于世"以及怎样"用之于世"呢？

先解决为什么要用之于世的问题。

人总有一个特点、一种共性，喜欢把自己知道的介绍给别人。女人或许更有这方面的体会，因为一般女人聊起天来，大都会谈到自己的孩子。其实，如果仔细想一想，你的孩子和别人有什么关系呢？别人又不能代替你！或许作为人，就有这样一种心理。

从这种喜欢把自己知道的告诉别人的心理再进一步，就是希望别人也能具有和自己相同或相似的见解。因此，圣人把自己的思想推介给我们，并希望我们照着去做，也就不足为怪了。不过，佛家把这种心理称为"大悲"。

至于说到怎样用之于世，则各人有各人的见解，方法也各不相同。但目的是相同的，就是前面所谈的具有圣人同样的"得之于己"的"得"。所以古人有言："**天下一致而百虑，同归而殊途。**"老子说"无为而治"，而《金刚经》说："一切圣贤皆以无为法而有差别。"

为什么会有方法的差别呢？要从两方面来说，**一是圣人不同，二是所面对的对象不同。**

圣人不同是说圣人的环境及其各自的习惯不同，所面对的对象不同，是说圣人所教化的人的性情不同、欲望不同，因此导致方法的不同。我们应该从我们自己的角度，即对象的角度出发，因为圣人是圣人，我们是我们，他们已经"得之于己"，而我们还没有或没完全做到。

儒家的思想是把欲望控制在一定范围之内。大家都知道，孔子曾删诗书、定礼乐，因为在孔子生活的时代，各诸侯国之间不断打仗，根本没有一个安定的环境，但是对文化而言，如果没有安定的社会基础，很难保存。因此，孔子为了保存宝贵的文化遗产，删诗书、定礼乐，教书授徒。

孔子有三千弟子，七十二贤人，这些弟子后来都成了当时文化的主将，为文化的发展做出了巨大的贡献。孔子删诗书、定礼乐，难道就能保存文化了吗？我想是的，因为诗书礼乐是文化的形式，如果没有一定的形式，任何一个事物也难以保存。

汉代班固在《汉书·艺文志》中说："六艺之文，乐以和神，仁之表也；诗以正言，义之用也；礼以明体，明者著见，故无训也；《书》以广听，知之术也；《春秋》以断事，信之符也。"因此，**孔子在战事纷纷的年代要保存一些规范，从而达到延续文化的目的**。

但是，**规范只是形式而已，它不是文化的精义所在，重要的在于对规范的目的的体认**。倘若没有体认到规范的目的，规范则会变成累赘和负担，且会限制人们。我们即便体认到了规范的目的，也不会放弃这些规范，只是对"度"的把握得心应手了。可以说，我们对目的的体认要通过规范，但我们的眼光不能仅限于规范，这也是孔子的目的所在。因此，孔子提出"仁义礼智信""温良恭俭让""忠孝仁义"，这些都是一些规范，也可以说是教条。

但是，**孔子并不像宋儒以及后世所刻画的那样死板，他的生活也是充满欢乐和幽默的**。这一点，如果我们贯通起来读一下《论语》，就能体会到。孔子说："吾道一以贯之"，这个"一"就是他的目的。倘若明白了它，则会觉得规范也不是呆板的，而是活动的，又是"不逾矩"的，正所谓"自然而然"地合于"道"。可惜，后世往往把规范看得最高，甚至看成终极的，这使我联想到很多研究论文，都是极其符合规范的，但是研究的意义和价值却没有那么明显。

因此，把对规范的"度"的把握放在了第二位，正是孔子所说的"智者过之，愚者不及"，而"过犹不及"的错误，是把"仁义道德"变成了一种枷锁，导致了人们的唾弃，导致"五四"时期对传统文化的批判。**这个错误不在于孔子，而应在于后世对孔子思想的曲解**。从某种意义上来说，把欲望控制在一定范围之内，也即规范的存在是非常重要的，只是我们要怎样理解的问题。

道家讲"清静无为"，不理会欲望。为什么？因为人总在追求之中，倘若因此而不断奔波，则永不能"清静"，因此，道家要求人们"虚无"，对欲望淡漠，不去管它，从而达到"清静无染"，应该说这也是儒家的目的。但是，倘若在青年之初就讲"清静无为"，很容易导致散乱，一切都不在乎。**真正的道家是"无为而无不为"的，这个"无为"不是什么事都不干，而是能认清时代的潮流，从而能"无不为"。**

释家要求认清欲望的面目，从而"行于所当行，止于所当止"，也就是不但对规范要认清，对它的目的也要认清，从而能够正确、合理地处理一些事情。倘若认不清呢？只有从规范做起。因此，规范是初步的必经之路，故而圣人都提出所谓的"戒律"。只是我们不能体会到戒律的目的而执着于戒律本身，或对它认识不够而废弃了戒律，从而导致了一些弊病。

正如班固所说："及刻者为之，则无教化，去仁爱，专任刑法而欲以致治，至于残害至亲，伤恩薄厚。"因此，对"度"的把握非常重要，最好是能够知道什么时候该怎么办，但这很难。正如释家所说"因人施教"，首先要自己眼光正确，能指出别人或社会的弊端，并能提出解决的办法。

南怀瑾先生在《论语别裁》中比喻**儒家为粮食店，道家为药店，释家为百货店**，我觉得很贴切。因为儒家对和平时期的治理和怎样为人、处世是必需的，道家对乱世的自治及人生的安详、快乐来说是重要的，而释家则是包罗万象，可以满足各种需要。因此，对三家的思想，无论是个人还是社会，我们都需要好好地学习、研究。

无论是"得之于己"还是"用之于世",对"度"的把握都非常重要。这需要我们在研究儒、道两家思想以及阅读历史书的基础上,好好地研究一下释家,从而做到能够很好地把握"度",达到"度己、度人"的目的。

PART 3

自我成就最重要

作为个体，要认识自我、激活自我、挑战自己、完善自我，不断地学习——向杰出的前辈学习，向优秀的同龄人学习，汲取他们的经验和教训，通过渐进式的改进，努力追赶，持续进步，每天都成为比昨天更好的自己。

生 长 最 美 ： 想 法

人生的基本命运就是自我成就

● 你"能成就什么,就必须成就什么",你要"把自己的条件禀赋一一发挥尽致"。

▶ 01 人人都能成功,关键在于你是否愿意

事实上生活有一个简单的道理,就是如果你愿意的话,你将会取得惊人的成就。这句话之所以存在,就是因为我们发现所有成就的获得都来源于你自己的一种意愿。人的一生能具有什么样的价值、取得什么样的成就,完全取决于你是否愿意。只要你愿意,就肯定可以取得惊人的成就,所以如果真想要整个人生变得非常有意义,首先就要问自己:"我是不是愿意。"

每一个希望实现自己人生价值的人,都不能不考虑"我应当成为什么样的人"的问题,而每一个希望最大限度实现自己人生价值的人,都必须设法充分发挥自己的天赋才能。正是出于此种考虑,你"能成就什么,就必须成就什么",你要"把自己的条件禀赋一一发挥尽致",成为当代美国人本主义心理学家马斯洛著名的自我实现理论的

两条要义。我非常认同,在我读中学时,深受一本传记的影响,这本传记就是《居里夫人传》。

▶ 02 居里夫人,成就取决于你自己的付出

居里夫人,法国籍波兰裔科学家,研究放射性现象,发现镭和钋两种放射性元素,一生两度获诺贝尔奖。居里夫人出生于波兰华沙,她是家里5个子女中最小的一个。她的父亲是一名收入十分有限的中学数理教师,妈妈也是中学教员。

居里夫人的童年是不幸的,她的妈妈得了严重的传染病,是大姐照顾她长大的。后来,妈妈和大姐在她10岁左右就相继病逝了,她的生活充满了艰辛。这样的生活环境不仅培养了她独立生活的能力,也使她从小就磨炼出非常坚强的性格。19岁那年,她开始做长期的家庭教师,同时还自修了各门功课,为将来的学业做准备。24岁时,她终于来到巴黎大学理学院学习。她带着强烈的求知欲望,全神贯注地听每一堂课,艰苦的学习使她的身体变得越来越差,但是她的学习成绩却一直名列前茅,这不仅使同学们羡慕,也使教授们惊异。入学两年后,她充满信心地参加了物理学学士学位考试,在30名应试者中,居里夫人考了第一名。

1902年年底,居里夫人提炼出1/10克极纯净的氯化镭,并准确地测定了它的原子量。

镭虽然不是人类发现的第一个放射性元素,但却是放射性最强的元素。利用它强大的放射性,人们能进一步查明放射线的许多新性

质，以使许多元素得到进一步的实际应用。医学研究发现，镭射线对各种不同的细胞和组织作用大不相同，那些繁殖快的细胞，一经镭的照射很快都被破坏了。这个发现使镭成为治疗癌症的有力手段。癌症肿瘤是由繁殖异常迅速的细胞组成的，镭射线对它的破坏作用比对周围健康组织的破坏作用大得多。这种新的治疗方法很快在世界各国发展起来。在法国，镭疗术被称为居里疗法。镭的发现从根本上改变了物理学的基本原理，对于促进科学理论的发展和在实际中的应用都有十分重要的意义。

由于居里夫妇的惊人发现，1903年12月，他们和贝克勒尔一起获得了诺贝尔物理学奖。虽然居里夫妇的科研功勋盖世，但是他们极端藐视名利，最厌烦那些无聊的应酬。他们把自己的一切都献给了科学事业，而不捞取任何个人私利。

在镭提炼成功以后，有人劝他们向政府申请专利权，垄断镭的制造以此发大财。居里夫人对此说："那是违背科学精神的，科学家的研究成果应该公开发表，别人要研制，不应受到任何限制。""何况镭是对病人有好处的，我们不应当借此来谋利。"居里夫妇还把得到的诺贝尔奖奖金大量赠送给别人。

1911年，居里夫人又获得诺贝尔化学奖。一位女科学家，在不到10年的时间里，两次在两个不同的科学领域里获得世界科学的最高奖，这在世界科学史上是独一无二的！

在居里先生去世后，居里夫人把千辛万苦提炼出来的价值高达100万金法郎以上的镭，无偿地赠送给了研究癌症治疗的实验室。

1934年7月4日，居里夫人病逝了，她最后死于恶性贫血症。

她一生创造、发展了放射科学，长期无畏地研究强烈放射性物质，直至最后把生命贡献给这门科学。在她一生中，她共获得包括诺贝尔奖等在内的10种著名奖项，得到国际高级学术机构颁发的奖章16枚。世界各国政府和科研机构授予她的各种头衔多达100多个，但是她一如既往地谦虚谨慎。

整个中学时代，我深受《居里夫人传》这本书的影响，我所生长的地方是东北的一个小镇，当时我并没有很多想法，可是这本书激发了我渴望成功的意愿，甚至影响到我报考大学的专业选择，我曾经想成为像居里夫人一样的科学家，所以报读了工科。居里夫人让我明白，个人奋发向上的辛勤实干是取得杰出成就所必须付出的代价，也就是说，成就取决于你自己的付出而不是其他什么，所以只要你愿意付出，你的双手和大脑会使你取得成就。我懂得了这个道理，也就懂得了如何实现自己的价值。

可能每个人的智商会有所不同，可能每个人会在不同的专业领域发展，但是取得成就的根本不在于我们的智商，也不在于我们的专业选择，取得成就所需要的前提条件是，我们愿意为成就付出极大的努力，通过我们的意志，通过我们吃苦耐劳，通过我们坚韧不拔地自主实干，加上奋发向上的激情，为之勇猛地战斗。

▶ 03 人生的基本命运，就是自我成就

其实人生的基本命运就是自我成就。我总记得古希腊神话中那暗示着人的某种基本命运的坦塔罗斯、普罗米修斯、西绪福斯和俄狄

浦斯。

古希腊神话具有一种超越时空、永远扣人心弦的力量，因为它似乎是对人的生存之谜的某种揭示。其中最令人回味无穷又最震撼人的心灵的，就是坦塔罗斯、普罗米修斯、西绪福斯和俄狄浦斯的故事。

据说坦塔罗斯是吕底亚国王。骄傲的坦塔罗斯由于对众神不敬而受罚下地狱。在地狱里，他站在齐颈深的水中，却遭受着焦渴之苦，低头喝水，水即退去；他头上垂着果实累累的树枝，却不能消除饥饿的折磨，伸手取果，树就避开，他永远遭受着饥渴的煎熬。

普罗米修斯在人类遭到宙斯遗弃时，违背宙斯的命令，为人类盗取火种，教导人类劳动，赋予人类各种智慧，帮助人类脱离了原始状态，走向文明和繁荣。普罗米修斯对宙斯的反叛遭到了残酷的报复，宙斯下令把他锁在高加索的悬崖上，用矛刺穿他的胸部，派一只大鹰每天早晨飞来啄食他的肝脏，一到晚上肝脏又重新长出来，但大鹰第二天早晨继续来啄食。普罗米修斯骄傲地向宙斯挑战，又骄傲地忍受着苦难，绝不以屈服换取宙斯的宽恕。

科林斯的国王西绪福斯，因得罪众神而遭到惩罚，既不是承受饥渴的煎熬，也不是遭受肝脏被鹰啄食的酷刑，而是被惩罚把一块巨石推上山顶，巨石每次一到山顶就坠下，坠而复推，推而复坠，永无止境。他经受的是繁重的、永无止境的徒劳工作所带来的心灵痛苦，必须以"意义"来支撑自己的生活，又必须经受失去"意义"的空虚和迷茫。

坦塔罗斯、普罗米修斯和西绪福斯的形象，两千年来一直震撼着人们的心灵。然而，对人们心灵震撼最大的，当数那谜一样的俄狄浦斯。

俄狄浦斯刚一出生，就因为一道断言他日后注定杀父娶母的神谕而被抛弃；他竭力逃避这不幸的命运，却被命运一步步引向杀父娶母的结果。他道破了天下最难解的谜，却猜不中自己的谜。他最后的结局是刺瞎自己的双眼，自我放逐。可是，这个最不幸的人，在所到之处却带给人们和平与安宁。

这四个人都是和自己的命运做斗争的斗士，他们反抗的分别是自然力的威风、社会邪恶力量的暴虐、徒劳之举的"无意义"以及人生的荒诞和不可知力量的淫威。这种斗争就是人的基本命运。

然而，更深刻而永恒的命运还在于：人的生活需要寻求意义，但是由于种种原因，人的一生注定要经受许多失败，要做许多西绪福斯式的工作，像西绪福斯一样接受这种挑战，背负命运的重负而不被压倒，接受"坦塔罗斯的磨难"和经历"普罗米修斯的苦难与抗暴斗争"，也就成为人生面临的基本任务。至于俄狄浦斯式的个人意志与残酷命运的冲突，更是人们永远要准备迎接的基本冲突。

这四个人的斗争，象征着人必须与自然界、社会暴力、失败以及不可知力量搏击的命运。这种命运，对人来说是内在必然性，理解它、超越它，是人生的职责。这种命运对个人来说是"共同的"，然而人们对待它的态度却是"个人的"。每个人通过对待作为人的内在自然必然性的上述命运的态度，或是"成为自己"，或是"失去自己"，正如赫尔曼·黑塞所说:"可能成为善人,可能成为恶人。或为动物,或为神明。"

因此,一切取决于我们自己。

向内求得力量，突破自己的极限

● 每个个体的差异性就是每个个体的创造性。

有人问我，为什么又一次参加戈壁挑战赛，我好像并没有很仔细地去想这个问题，只是自然地想和同学们在一起，自然地想应该再去，没有去想其他的理由。

从准备参加戈十开始，慢慢地爱上了徒步，等进入戈壁赛道，慢慢地爱上了突破自我极限。也许每个人都需要有一些获得自我认知的途径。参加戈壁挑战赛之后发现，对我而言，除了阅读之外，徒步也是一个极好的自我对话与自我认知的方式。无论是平日的行走，还是与大家集中拉练，以及到戈壁最后的检验，这个过程已经成为我生活的一部分，甚至因为这一部分，让身心有了完全不同的感觉。

我还记得到北大哲学系听余敦康老先生的《周易》课，老先生谈到50岁对人的重要性，那个时候，我还不能完全理解，为什么50岁这样重要？后来慢慢理解了，一个人必须达到一定的人生阶段，才会充分理解某些诗歌、某些道理、某些心情、某些无奈以及某些情形；一个人必须经历过一定的人生过程，才能共鸣更多、理解更多、包容更多、温和更多以及平淡更多。

这不仅仅是年龄与年轮，更重要的是经历与经过；不同的经历可以适合不同的境况，生命也因为这些丰富的经历而变得丰富起来。

很多时候我们也许忘记了，我们自己是一个需要自我创造的个体，每个个体的差异性就是每个个体的创造性。创造性的光辉让个体的生命彰显出光芒，让你成就了你自己的特殊存在。也因此，每个时代的内容就由这样一个个光芒的个体彰显出时代的属性，而你是这个时代的属性之一。

我特别喜欢唐代的文人骚客，他们游历于山川大河之间，交汇于文章字墨之中；他们流连于田间街市，谈笑于林外庭中；他们有豪放不羁，有柔情千种，有家国情怀；他们用华丽的辞藻、淡淡的幽默、激昂的情绪、绝美的比喻、愤世的伤感以及绝美的描述，一个一个鲜活存于世上，使唐朝以一种独特美留存至今，流传至永久。

"举杯邀明月，对影成三人"的李白，给人那种由孤独到不孤独、再由不孤独到孤独的复杂感情，实在是寂寞孤傲又旷达乐观。"人生快意多所辱"的杜甫，这份自嘲，这份真性情，让人体会到他为什么可以写出《石壕吏》这样的作品。写出"秦时明月汉时关"的王昌龄，这份渴望建功立业、报效国家的豪情，已经深深埋在每个人的心中。正如杨炯的诗句"宁为百夫长，胜作一书生"，王维的诗句"忘身辞凤阙，报国取龙城。岂学书生辈，窗间老一经"，岑参的诗句"功名只向马上取，真是英雄一丈夫"，充满强大的边防带来的高度自信的时代风貌以及建功立业的雄风。

我不知道唐代有多少文人投笔从戎、赴边求功，我只知道，李贺说"黑云压城城欲摧"，卢纶说"月黑雁飞高"，王昌龄说"不破楼兰终不还",王之涣说"羌笛何须怨杨柳",高适说"暂时分手莫踌躇",更有王翰的《凉州词》:"葡萄美酒夜光杯,欲饮琵琶马上催。醉卧沙场君莫笑,古来征战几人回。"

这种阳刚之美,极为向上的生命力,体现了唐时泱泱大国的雄浑之神。当感受一千多年前的这份力量时,一千多年后的我们,依然会激情荡漾。

今时走入戈壁,少了塞外的萧瑟与孤寂,多了技术产品的专业性,每个人的装备都是精良完备的,但是如果你愿意用心去体味,愿意突破自己原有的极限,愿意把自己交给大漠,愿意抛开日常生活中的"自我",回归到自然中的"本我",这份豪情及力量,就会慢慢回淌在你的血液中,就会附着到每一个前行的步伐上。这种生命的新生,会让你对自己有完全不同的认识,甚至你会体会到一个从未有过的"自我"。

这份认知完全取决于行走在戈壁中的你,没有其他什么可以替代。事实的确如此,你可能认为已经非常了解自己,你可能也经历过很多种挑战,但是当你一次又一次独自行走时,你可能才忽然意识到某一种深度与厚度,你会忽然解开了你曾经苦思不得解的疑惑,就如禅修中的入定,你忽然"领悟"了。

我依然是一个主张内求的人,所以决定再一次行走在戈壁之中,**自我体认是一个生命力量之所在,同时也是融合构建时代力量之所在。**每个人都是独一无二地活在自己的世界里,就如唐代的诗人,不同的是,他们在他们的世界里用诗词彰显了盛唐之风。如果我们愿意,我们也可以在我们的世界里呈现属于这个时代的光芒。

理解哲学的有效途径——知行合一

● 于老师讲完泰勒斯的趣事,我们都笑了,他真是厉害啊!运用知识创造财富,用现在的说法,就是"知行合一"!

乘车去米利都的路上,并未有特别的感受,安静地坐在车上,希望导游介绍点什么,米利都于我而言实在是太陌生了。但于老师很兴奋,在车上告诉我们,虽然今天它属于土耳其,但这里才是希腊哲学的发源地,在荷马的《伊利亚特》中出现过。

公元前1500年左右,一些人移居于此,米利都随后成为爱奥尼亚十二城邦之一。

米利都拥有一批著名的思想家,如泰勒斯、阿那克西曼德、阿那克西米尼等,被称为米利都学派,这个学派在公元前7世纪至前6世纪建立,是前苏格拉底哲学的一个学派,被誉为西方哲学的开创者。

学派创始人泰勒斯(约前624—约前547)是公认的西方哲学史上第一位哲学家。他是古希腊第一个提出"世界的本原是什么"这一哲学问题的人,并给出了自己的答案:水是万物的本原。听到于老师这样介绍,我对米利都肃然起敬。

我一直特别佩服那些凭借逻辑就能寻求到事物本原的智者，泰勒斯无疑是其中特别厉害的人物之一。正如亚里士多德在《形而上学》中所评价的那样，"那些最早的哲学研究者，大都仅仅把物质性的本原当作万物的本原……万物都是由它构成的，都是首先从它产生、最后又化为它的，那就是万物的元素、万物的本原了"。泰勒斯就是最早的哲学研究者，他认为，万物的本原是水。在亚里士多德看来，泰勒斯能够提出"水是本原"，是因为他从观察现实中得到这个看法。

亚里士多德认为，泰勒斯也许是由于观察到万物都以湿的东西为养料，种子都有潮湿的本性，而水则是潮湿本性的来源，热本身也是从湿气里产生，靠湿气维持的，从而认为"水是万物的本原"，万物之原为水，水生万物，万物又复归于水。

这非常值得我们学习与效仿，米利都学派的哲人们，在纷繁的现象中找到"1"，是因为他们对日常生活现象有着丰富细致的观察。他们都是从可感的物质性元素中去寻求万物的本原。正如泰勒斯认为"水"是万物的本原那样，作为泰勒斯的学生，阿那克西曼德认为，万物是"无定"产生的，万物消灭后又要回到"无定"中去。而阿那克西米尼作为阿那克西曼德的学生，则认为"气"为万物的本原。

也许在今天的我们看来，"水""无定"或者"气"，是那样普通和自然，但**正是因为米利都学派的哲学家用自然本身来说明自然，实现了从神话向哲学的转变，开始用抽象的理性思维方式取代神话中的形象思维方式，如此，才产生了哲学。**

念及此，我觉得很惭愧。今天，很多研究学者，习惯于在文献堆里找话题，在文献中找研究的依据，不再对真实的生活和现象敏感，甚至已经生疏、木讷，不去关注真实生活的依据。今天，很多研究学者，似乎已经不再是一个"唯物主义者"，已经没有对外物、外界的感知度，也没有一定要诠释真实世界的想法，仅仅是为了发表论文，完成所谓的考核。

早在公元前7世纪至前6世纪，研究学者们带着朴素的唯物主义色彩，试图用观测到的事实而不是用古代的希腊神话来解释世界。他们苦苦探寻"世界的本原是什么"，通过观察，看到了世界的统一性、动态性以及对立性，这些话题因其所具有的"普遍性"而贯穿整个人类文明发展的历程，即使在今天这个互联网技术驱动的社会，这些话题也依然是核心命题。

可悲的是，我们却还在自己的"研究围城"中，苦苦问询"理论研究的价值在哪里"之类的问题，陷在与世隔绝的研究中不能自拔。这样的研究不会有价值，米利都学派早已给出答案。

思绪回到车上，于书老师讲的泰勒斯的趣事最让我感慨。某天晚上，泰勒斯仰面朝天向一个广场走去，他只顾着看天上，没注意到前面有个坑，一失足掉进坑里了。刚好有个商人路过看到，就嘲笑他说："你自称能够认识天上的东西，却不知道脚下的是什么，跌进坑里就是你的学问给你带来的好处吧！"泰勒斯爬出坑，机智地回答说：**"没有知识的人，本来就躺在坑里，当然不会从上面掉下去啊！"**

商人自讨了个没趣，但不想认输，他挖苦泰勒斯说："你渊博的知识能给你带来什么呢？是金子还是面包？"泰勒斯回答说："咱们走着瞧吧！"

泰勒斯运用自己拥有的天文、数学以及其他知识，展开周密的预测和计算，断定第二年将是橄榄的丰收年。他变卖家产，用相当廉价的租金租了附近所有的橄榄榨油器。第二年，橄榄果真获得大丰收，人们争相租用榨油器。这时，他就用很高的价钱出租榨油器。那个嘲笑他的商人也向他求租了，他就对商人说："这些榨油器都是我用知识搞到手的，像你这样的富翁也只能求助于我。"想象当时的情景，泰勒斯应该是相当骄傲的。

于老师讲完泰勒斯的趣事，我们都笑了，他真是厉害啊！运用知识创造财富，用现在的说法，就是"知行合一"！

在管理学界，今天还在争论这个话题，即知行是否合一，能否合一，甚至还有研究学者认为，管理研究与管理实践应该保持一定的距离。我想，也许大家应该了解一下米利都学派，了解一下泰勒斯如何成为拉开西方哲学序幕的那个人。

傅佩荣曾说，哲学可以用三句话来描述：

第一，哲学就是培养智慧；

第二，哲学就是发现真理；

第三，哲学就是印证价值。

"智慧""真理""价值"这三个关键词也是哲学本身的内涵，而力求知行合一，或许是理解哲学的有效途径。

我深受怀特海的影响，他主张历程（过程）即是真实，一切皆相涵互摄为一个整体。如果我们不能如米利都学派那样去研究学问，从溯源而言，可能已经偏离了正轨。

人生的内在价值在于创造

● 正是在不断的自我创造中,我们能一步一步地向前迈进,我们的人生价值越来越高,形象越来越完善。

▶ 01 自由创造,人的根本生存样式

　　创造,从来就是一个让人为之奋斗的词,也是一个让人热血沸腾的词。创造,连接着过去、现在和未来!时时刻刻,生生不息。正是创造和创造的奇迹,让人活出了生命的意义!

　　创造性赋予人无所不能的潜力。人通过创造性活动,不仅使自然规律与自己的目的性相统一,还在自然运行的规律之外,造成了必须通过人的参与、必须通过人的意志才能实现的社会历史规律。

　　对个人来说,从来就不会有什么东西可以离开人的创造活动,单纯由于自身的缘故而实现;对历史而言,人绝不是壮阔无比的历史大海中无能为力的一滴水,更不是历史"宿命论"者手中的玩偶,而是历史的创造者、主人翁。

在历史中，单个人的努力或某些群体的斗争，或许像拜伦说的那样，"**撞在岸上的波浪一个一个地溃散了，但是海洋总之获得了胜利**"。人们不仅用自己的劳动给自己创造了生存的条件，还创造了科学、技术、宗教、哲学、艺术、道德，这一切便构成了灿烂的文明。

更重要的是，人类由于不衰的创造力，永远保持了探索向前的活力，总能从已经熟悉的一切中挣脱出来，投身于一个不熟悉的新世界。当一种文明衰老时，人们又创造出一种新文明。人类自身的创造力就是人类文明自我更新的机制，它就像人类历史的阿基米德杠杆，使一切都在运转、变化、流动、更新，一直生机勃勃。

无论是已经被创造并凝固在文物、书籍、艺术和技术成果中的既有文明，还是对既有文明的承袭、批判和超越，都证明自由创造是人的根本生存样式。**人类通过创造使自己总是在造就之中，总是在竭力克服事物和自身的现存状态，总是要不断地规划未来、创造未来。**

▶ 02 自由创造，人生价值的提升与完善

一个人的价值不在于他拥有多少金钱，也不在于他的地位、名声高低，而在于他能够给社会创造什么。你为社会创造得越多，你自身的价值也应越高。

创造不仅赋予人以价值，而且使人的价值不断提高。在创造过程中，人不仅改进了客体对象，同时也改进了主体自身。也就是说，人

们不仅创造出了新的工具、技术、学科及艺术等，也创造出了新人与新的人生。当你创作出一项成果之时，同时也使自己成为一个优秀的人。

从整个人类来说，人不仅是自然界长期发展的产物，也是自己不断创造的产物。而对每一个人来说，赋予生活真正内容和意义的，仍是我们自己的每一步艰辛的创造。

一个人能成为什么样的人，全看他自己如何去创造，如何通过自己的行动去造就一个成功之士。

人的一生就是一个不断自我创造的过程，正是在不断的自我创造中，我们能一步一步地向前迈进，我们的人生价值越来越高，形象越来越完善。

▶ 03 自由创造，使人生具有无限的意义

相对于大自然和人类历史来说，无论是谁，生命存在的时间都是有限的。死亡是真实而普遍的必然存在。

马克思面对人的死亡，曾深有感触地感叹："死似乎是类对特定的个体的冷酷无情的胜利，并且似乎是同它们的统一相矛盾的；但是特定的个体不过是一个特定的类存在物，而作为这样的存在物是迟早要死的。"

生命虽然可贵，但我们每个人都是人类历史长河中的一朵浪花，死亡对于人就如同花园里的鲜花会经历绽放凋零，是自然规律，也是必然。

很多人将死亡看成人生的悲剧。从古至今，世人渴望生命永驻，因而追求长生不老，但历史和科学证明，这样的人生追求最终只会收获一场虚空。

秦始皇想要逃离生老病死，不遗余力地寻求长生不老药的秘方，他的目的并没有实现。现在人们做各种各样的生物研究，希望可以尽可能地延长人类的寿命，收获了一定的成效，但也并不能使人类免于死亡。

然而，死亡虽然不可避免，但是并不构成人生的一种悲剧，更不因此而成为人生价值的否定因素。

晚年的歌德有一次跟好朋友散步，看到美丽的夕阳西下，不禁吟诵了一句古诗："西沉的永远是同一个太阳。"

据说，歌德后来像孩子一般开心地感叹：虽然我已经75岁了，但是我依旧相信人类精神不朽！就像每一天太阳都会升起，照耀大地。

歌德崇尚人类精神不老，并用自己一生的努力实现了"人生可以不朽"这样深刻的生命追求。像歌德这样，让自己的人格精神不朽，正是一种积极创造的过程。

我们这个民族的伟大思想家们提出了立德、立功和立言。并且每一代最优秀的人都通过"三立"的方式推动了民族历史的发展，并书写了灿烂的文明，这也是创造的杰作。

据记载，为了"立言"，从《诗经》到《春秋》，孔子用一生整理各种典籍；司马迁用十几年写《史记》；李时珍花了27年著《本草纲目》；曹雪芹更是在穷困潦倒中写下《红楼梦》；歌德本人用了60多年写《浮士德》。

　　这些人类最优秀的传承者自由而丰富地创造,不仅丰富了人类精神,也把有限的生命活出了无限的魅力。精神不灭,人生不朽。

理想越高远，人的进步越大

● 作为一个能够掌握知识的人，应该也能够掌握更远大的未来，而不仅仅是解决生活问题。

很多人到了成人的阶段，觉得梦想已经与自己没有什么关联了，他们更关心的是现实生活的所有。我在与一些学生聊天时，大家说得最多的是财富、工作和生活，还有人不断地谈论现实的残酷、长大的烦恼、生活的无奈、自己的孤独，这些都是必要的话题，可是我真的很想听到离现实生活稍微远一点的一些话题，希望看到充满激情的脸和神采奕奕的状态。

人们之所以陷在现实的困惑中，是因为我们失去了想象的能力，失去了梦想的牵引，也就失去了梦想带给我们的所有美好和期许。**如果没有期许、理想、愿望，相信生活也就没有了色彩、方向和追求。**

有人反而会说：我有理想，但是很难实现。还有人会说：今天就是一个快速变化的社会，理想根本就不存在或者很容易过时。更令人不安的是，很多人在晚上睡觉时做噩梦，到了白天做白日梦。

可是真实的梦想是什么，他们却回答不出来。有时候我与周边的年轻人聊天，竟然发现很多人以找到好的工作、在一个好的行业、能够生活在大城市、找到称心如意的生活伴侣为自己的理想，这使我非常惊讶。

这些向往都是必需的，可是这些仅仅是生活最基本的需求，如果用马斯洛的需求理论，这些应该是在生存需求、安全需求的层面上，而更高层面的需求为什么不存在呢？

当然你也许会认为，这些已经是很好的了。的确，能够这样已经不错，但是我还是觉得**一个能够掌握知识的人，应该也能够掌握自己的未来，而不仅仅是解决眼前的生活问题**。所以我们应该保有理想，而不是仅仅面对现实。

理想越高远，人的进步越大，这是一个不断被证明的话题。**人之所以能成为伟人，首先是因为他有着崇高的理想，有着伟大的目标。**

我特别喜欢两位运动员，一个是姚明，一个是刘翔。我之所以喜欢他们不仅仅是因为他们所取得的成就，而是他们从一开始就确定了崇高的理想。正是这理想激励他们，为了实现这个理想，他们训练自己拥有更多的知识和技能，还要超越个人的得失，做出某些重大的牺牲。

正如姚明和刘翔一样，在崇高的理想指引下，你逐渐变得有超乎常人的能力，胸怀宽广、大公无私，以你独有的方式为公众、为国家、为民族，甚至为人类服务，而当你的这种服务取得成效后，自然能够得到社会和公众的认可与尊重。而公众和社会对你的认可和尊重，使得你成为伟大的人。

人总是要有一点精神的，具有崇高的理想，会让我们不可估量的能量发挥出来。

中学毕业时，我们需要照一张集体的毕业照，老师问我们选择一句什么样的话写在照片上面，我和同学们一致选了周恩来总理在读书时勉励自己的一句话："为中华之崛起而读书。"这句话深深地烙印在我的内心中，可能以我年轻的认知我还无法完全明了这句话的深刻意义，可是直觉的民族情怀被这句话激发出来，接下来的学习，我都是本着这样一个理想在读书，从中学、大学直至现在。

民族的情怀一直存于我们的内心之中，当它化为理想时，所产生的力量会给予我们无穷尽的能量。直至今日我都无法停止读书和学习，因为我很清楚，**如果真的要为民族贡献一个人微薄的力量，只有不断地学习和进步才能有所作为**。所以当知识转化为企业的成长、转化为学生的进步、转化为一点点理论积累时，我知道自己在为理想尽力。

我对自己比较满意的地方就是，不管我走过哪些地方，不管我打算去做任何尝试，我内心当中一直有个理想，就是"要成为一名好老师"，这是我的理想，也是我的梦想。

虽然我曾经在从事教学工作期间做过很多事情，包括去国外读书、去三家公司做总裁、去企业做管理顾问，但是不管我做什么样的尝试，目的只有一个，就是让自己增加做教师的知识和阅历，以及将理论与实践相结合，让自己更加深入地理解管理理论，以帮助自己成为更好的管理领域的教师。

所以在教师这个岗位上 30 多年，不管我要面对什么样的困难、压力和阻力，甚至不管要付出什么样的艰辛和代价，我还是会好好地保留它，因为这是我的理想。对我自己而言，人生最重要的价值就是能够传授知识、教授方法、解决问题、熏陶人格，这才是最重要的。

  一定要把理想留在内心当中，当你有着崇高理想时，你的人生就有了起点。如果没有这个理想或者任它变得很小，人生就没有了起点。也许你会说，"理想对我太大、太遥远了，我实现不了"。我们还是回到前面那一句话，只要你愿意，你就会实现理想，你最好还是好好地守住这个理想，把它留在你的内心当中。

一个人成长所需的四个要件

● 一个人的成长，源于四个最重要的东西：梦想或目标、伙伴、行动、开放学习。

———————————————

一个人的成长由四种东西构成。

▶ 01 梦想

如果你没有一个梦想，没有一个目标，其实你是很难成长的。

2018 年实际上是一个很特殊的年份，我们北大国发院成立 24 周年，北大国发院 BiMBA 商学院成立 20 周年，北大成立 120 周年，中国改革开放 40 周年，这些数字意味着这是一个极为特殊的年份。

当我们回顾北大国发院的历史，就会看到曾经有六位老师怀揣梦想，用全球视野讨论和研究中国问题，所以我们就有了今天的北大国发院以及北大国发院对中国过去改革开放 20 多年进程的影响。那个起步的地方就是那个梦想，所以无论从哪一个角度去讲，我们都需要有一个梦想来牵引，来引领我们自己。

40 年前中国希望用开放自己、让民族再次腾飞那样的梦想牵引打开国门，40年后中国成为经济要素最强的国家之一。我相信你也清楚这个梦想的牵引力有多大。

回想120年前，基于民族崛起、复兴的梦想，我们想要创建一所真正属于中国人自己的大学。在这样的时代背景下，北京大学创立了。自此北京大学在中华民族崛起的进程中发挥了重要的影响和作用。无论是更久以前还是近年的梦想，只要这样的梦想存在着，就都会牵引到整个世界每一个机构的每一个项目。**我们成长当中最重要的要素就是有梦想和目标的牵引。**

▶ 02 伙伴

有了梦想、有了牵引还不足以成长，我们还一定要有伙伴，**有伙伴才能让我们实现梦想的可能性往前进一步。**

我是做研究的人，我们在组织研究中保障目标实现最重要的条件就是组织的设立。说得更小一点就是伙伴陪伴在你身边。

我本人深受一位中学老师的影响，她在我过去所有成长过程中都给了我巨大的支持和力量。

如果我们的年轻同学在职业发展过程和个人成长过程中有机会遇到一位良师，他能一直与你对话，陪伴你成长，我相信你一定会比别人成长得更加强劲、更加有助推力、更加有牵引力，这就是伙伴的力量。

我们的伙伴会是师长、同学、同事、家长，甚至可能是陌生人。当他推动你进步时，这就是你继续成长的根本性力量。

▶ 03 行动

很多时候我们有梦想，也有伙伴，但是我们不行动。**你不行动，就没有办法真正成长。**

行动的过程让我们看到成果。推动你成长的很重要的原因就是你能一步一步看到自己的成长性，成长性要靠你努力的过程呈现。

▶ 04 开放学习

有些时候我们并没有真正学会学习，虽然我们在课程中经过了学习的历练，我们也拿到了各种各样的证书和学位。

真正学会学习更多时候对大家的要求是开放学习，就是你愿不愿意不断地学习，而且我前面用了"开放"一词。我们讲开放学习时会对每个人提出不同的要求。

1. 你愿不愿意接受不同声音、不同观点、不同挑战？

我们**接受这些不同声音、不同挑战时才能真正让自己学会学习**。所以，当你与导师在一起时，也许导师和你的意见不一样，也许导师会以他过往的经历对你遇到的问题提出不同的观点，这时候你愿意开放自己吸纳意见还是认为导师没有能力、没有经验解决新问题，这本身就是学习度够不够的问题。

很多时候我会对年轻人讲，我们虽然掌握非常多的知识，但学到的东西不一定很多。因为你可能以你自己的观点做了一些筛选，这时你可能就没有真正去学习。

2. 你愿不愿意把自己真正有价值的东西拿出来给你的伙伴？

如果你想要伙伴陪同你持续成长，你也要真正给伙伴一种感觉，就是：他因为你，也在进步；如果他因为你而进步，他一定会愿意和你共同成长，这时候取决于你愿不愿意把有价值的部分贡献出来。

很多时候我很愿意跟更年轻的老师和同学在一起的很大原因是，我发现在他们身上能学习到更多，学习到一些新的视角、新的理念。这时候重点在于你愿不愿意贡献，如果你仅仅从伙伴身上汲取而不做回应和互动，"共生"就很难实现。开放学习的第二条就是能不能有真正的价值贡献。

3. 你会不会因为学习真正进步？

有时我们很多人学了非常多的东西，但他停留在原来的地方，看问题依然是原来的立场，解决问题依然运用原来的经验。

我不断地告诉企业家，**在今天你和你的团队必须成为合伙人**。

有个企业家学好了，过了三个月带着下属来了，说："我已经运用了你的理论。我跟他们是合伙人。"

我看那两个人一直不敢说话，觉得很奇怪，就问他们两个："公司有问题，你们跟老板意见不一致时，你们会怎么表现？"

老板说："他们两个不用说话，肯定听我的。"

我说："你这个合伙人怎么当的？"

两个新的合伙人说："我们不知道什么叫合伙人，老板说我们是合伙人就是合伙人,其他所有东西都没变。"

老板学了"合伙人",回去就运用了,甚至正式宣布他们是合伙人,但他们的感受没有变,这不是真正的学习,真正的学习一定会有改变。

4. 你能不能挑战自己,把自己否定掉?

我在最早做组织研究时非常关心员工对组织的忠诚,因为我发现只有形成忠诚、上下统一的团队,这个组织的力量才是最强大的。

随着互联网技术的出现,我们做组织研究的人必须调整组织的基本逻辑,员工和组织之间不再用忠诚这个概念去研讨,而是要从彼此能否找到一个共同成长的发展方向去研讨,这也是我提出"共生型组织"概念的原因。

你会发现员工和企业之间互为组织,不存在组织大过个人或者个人大过组织这个逻辑。我作为从事组织研究的人就得否定掉过去的认知,光否定还不行,还得找出新的解决方案,这才是真正在学习。

你要把自己以往的经验、最擅长的东西舍掉,只有这样才是真正懂得学习。

我另外一个研究方向是企业文化。**企业文化中最难的不是吸收新观点,而是放弃旧有的习惯。**放弃旧有习惯就是学习的一部分。

学习是创新的来源,是驱动成长的力量,学习是一种永恒的推动力。人类历史上各种各样的组织,哪一种存活最久,生命力最顽强?据说一千多年来,持续存活下来的组织还不到一百个,而这其中绝大多数是大学。

大学为什么这么强大？一个重要原因就是大学永远有年轻人，别的机构都不是，只有大学是。

大学要的永远是年轻人，年纪一大了你就应该进入社会，从一个索取者变成创造者，只有在大学阶段你是完整的索取者，这个阶段让你当索取者，到了年龄你就应该去创造。如果你有机会读 MBA、EMBA（高级管理人员工商管理硕士），一定要珍惜，大学让大家重新年轻一次，如果不开放这些项目就没有机会回来，就不可能完整、系统地重学知识。

大学的生命力就在于永远年轻，这也是学习能带来的。

最后请大家记住：一个人的成长，源于四个最重要的东西：梦想或目标、伙伴、行动、开放学习。

自我成长需要突破三个障碍

● 今天的创新更多要来源于协作与共生环境，因此更需要我们开放自己、欣赏别人、借鉴和向其他人学习。

在技术驱动环境巨变的时代，对共生型组织而言，每一个组织成员的自我成长和实现能力依然是极为重要的。

当一个组织凭借合作得以站在向全世界输出产品和服务的风口，更需要清醒地认识到，合作所提供的是一种机会与资源。组织各项成长能力依然是组织自我成长能力的体现，这需要组织在依赖或附属于其他组织的同时，还要增加自身技术实力，唯有如此才能拥有真正的竞争力。通过持续的创新让组织在核心技术方面表现得更加独立，并能为其他组织输出技术所带来的共享机制，这样的组织可以保有竞争力。

持续创造力成就了共生型组织的自我成长，而创造力的背后除了创意人才的输入和产出，还有一个重要的因素就是让组织处于一个快速成长、不断创新的生态之中。

实现这一点的关键是有一套让更多组织成长的解决方案，而正是技术在这套行之有效的解决方案中发挥着关键性作用,这套方案我们称之为"技术穿透"。实现技术穿透,需要每个组织成员突破三个障碍:愿意放弃自己固有的优势和行为习惯、拥有开放学习的心态和行动,以及能够在技术框架下展开沟通和信息共享。

▶ 01 放弃固有的优势与习惯

政治经济学家约瑟夫·熊彼特在其著作《经济发展理论》中提出创新的概念,创新被视为将生产要素的"新组合"引入生产体系的过程。同时,他认为创新是在生产过程中内生的,必须能够创造出新的价值。

自此,创新的基因被不断地植入组织中,成为组织突破自身局限、寻找生机和出路的必备条件,而创新的时效性从根本上证明了创新是不断放弃和重启的过程。

管理大师克莱顿·克里斯坦森提出的"颠覆性创新"概念是用于描述新的竞争者如何瞄准市场根基,攻占市场,最终实现洗牌的。

这样的情形在过去十分罕见,而在当今互联网时代,则成为普遍发生的事情,利用新技术或者新模式进行颠覆的情形,几乎每天都在发生。在这一系列的颠覆与被颠覆中,新的可能不断呈现,新的机遇不断出现,组织已经不能只从既有的思维和惯性去理解新的环境。

以柯达为例,毫无疑问,柯达的专业气质十分浓厚,但是它忽视了新生活方式里影像行业的变化,数字成像技术的迅猛发展对传统成像技术造成了极大的挑战,传统成像技术成本高昂、设备笨重以及不能永久保存的弊端更加明显。柯达在数字成像技术的冲击下束手无策，最终如作家章诒和所讲，柯达"像一个壮汉猝死，像一个勇士牺牲"。

放弃固有的优势与习惯，已经成为组织开启创新的第一步，组织需要放弃已被实践证明不再有效的思维和惯性，重新用新的思维看待机遇和竞争，用实践开启新一轮的创新。

彼得·德鲁克曾经说过，"行之有效的创新在一开始可能并不起眼。不起眼的细节，往往会造就创新的灵感，让一件简单的事物有超常规的突破"。同时，他认为，"创新不是浮夸的东西，创新要做的是某件具体的事"。

真正好的创新有吸引人心的力量，它将生活融入其中，用独特的视角和智慧不断修正生活里各式各样的漏洞，为生活提供美好。

埃里克·爱默生·施密特、乔纳森·罗森伯格和艾伦·伊戈尔通过对谷歌的研究，阐述了他们对创新的认识：

"创新不只是创造新奇实用的想法，还包括实践。'新奇'往往会被当成'新颖'的近义词，因此有必要指出，创新的东西不仅需要新的功能，还要出人意料。如果你的产品只是满足了消费者提出的需求，那么你不是创新，而只是做出回应。回应是好的，但是毕竟不是创新。另外，用'实用'这个形容词来描述'高大上'的'创新'，实在有点黯然，因此，可以在前边加上一个副词，把'实用'变成'非常实用'，创新的东西不仅要新颖、出人意料，还要非常实用。"

顾客接触产品的渠道越来越多，可选择的产品也越来越多，他们已经练就了一双慧眼，能够看穿产品表面背后的需求。顾客的消费过程越来越明智。

一个产品从产生到形成并推向顾客的过程，绝不是技术人员的闭门造车，明确客户需要电钻还是墙上的洞是所有创新过程的起点。**任何先进的产品和服务，只有转化成顾客的需求才能产生商业价值。**

任正非曾经在华为内部讲道：现在我们是两个轮子在创新，一个是科学家的创新，他们关注技术，愿意怎么想就怎么想，但是他们不能左右应用。技术是否要投入使用，什么时候投入使用，我们要靠另一个轮子 Marketing（市场营销）。Marketing 不断地在听客户的声音，包括今天的需求、明天的需求、未来战略的需求，才能确定我们所掌握的技术该怎么用，以及投入市场的准确时间。

马化腾对"创新"有着相似的理解：为了创新而创新，工作反而会变形。要把为顾客服务的意识灌输到每一个产品、设计，包括每一个运营的员工心里，而不是为了完成领导交代的任务。在快速服务顾客的过程中，发现哪些点顾客抱怨了或者觉得不爽了，那可能是你的一个创新的机会。

▶ 02 开放学习的心态

在创新方面，有些组织会陷入对个人神化的误区。不可否认，某个人可能会在某项或某几项创新中发挥重要作用，但组织整体的创新必须通过整体的努力形成。

对此，**共生型组织坚持营造开放的学习氛围**，坚信一个成功的创新方案必须是在组织愿意采取创新活动的前提下进行，无论是人与人之间的情谊，还是组织中弥漫的气氛，都会影响创新活动的成败，而组织文化正是塑造这些非正式的人际关系与企业氛围的主要动力。

此外，**共生型组织能够在实际行动中激励与支持创新活动**，从而进一步提高对创新产品或服务进行商业化的可能性。当然，更重要的是组织领导者对创新的重视，他们是创新性文化的原始导入和影响因素，他们对创新的态度是促进组织创新力形成的主要因素。

更重要的是，**共生型组织具有更自觉的学习心态**。创新所带来的是"一切皆有可能"，这就使得我们需要更强的学习力，更加开放地去了解、欣赏与学习。

同时，**今天的创新更多要来源于协作与共生环境，因此更需要我们开放自己、欣赏别人、借鉴和向其他人学习**。因为开放学习会带给共生成员集合的智慧，会激荡每一个成员的创造力。共生型组织不仅激励组织成员相互学习，还希望借助于彼此的学习，将创新的血液注入共生系统中，为组织成员提供可持续发展的生命力。

开放学习的心态，还包括对待"失败"的宽容和欣赏。香港大学中国与全球发展研究所副所长肖耿在谈到"新经济跨界"时表示，"新常态下，我们更需要容忍失败"。美国工程院院长克莱顿·丹尼尔·牟德认为，当今世界"拥有热情无疑是最重要的问题，其次是要有独立自主的创新环境，这就意味着必须容忍失败"。

华为是一家非常重视研发投入的企业，它将自身的研发能力视为企业持续发展的原动力，将今天的研发投入视为华为明天竞争力的基础。2017年，华为投入138亿美元用于研发，研发支出占总营收的15%，仅次于亚马逊和谷歌母公司Alphabet，位列全球第三。华为轮值董事长徐直军表示:"华为不会过度追求利润,而是要坚定不移地加大投入,未来每年将投入100亿到200亿美元研发费用。"

不容忽视的问题是,巨大的研发投入并不意味着必然会带来对等的回报,因为研发以创新为主,创新本来就是试错的过程,创新项目不一定都会成功。华为有很高的容错率,在研究上允许员工犯错,给研究人员创新的时间和空间,倡导员工放手去尝试。

任正非认为:假设一个新研究项目能够做出来,那华为就获得了天才;假设一个新研究项目做不出来,华为就得到了人才。因为能够成功的项目非常少,所以做出来的就是天才。而项目失败的研究人员,经历过失败,知道失败的滋味,同时努力过、奋斗过,所以一定可以更好地总结过去,不重复犯错误,继续前进,这正是公司所要的人才。

从泥坑中爬起来的都是圣人,研发要坚持开放与创新,要对失败宽容。在研发上,相当大的内容是创新,但创新最大的可能是错误,而不是成功。如果不对错误宽容,不对从泥坑中爬起来的人宽容,那就是假创新,不是真创新。走对了路升得快,走错了路升得慢,但即使所有人都走对了路,只有你走错了,也不要担忧。只要有后发之劲,就有机会重新起来。

华为之所以能成为一家国际化公司,获得了许多企业望尘莫及的成就,容忍犯错的态度是主要原因之一。

共生型组织借助于开放学习,鼓励组织成员的创新以及组织成员间的创新,同时也用开放和包容的心态接纳风险的存在,允许失败的出现。

▶ 03 技术框架下的沟通与共享

共生型组织将创新视为一种常态，它们不仅有目的地寻找创新的来源，寻找预示创新成功的表现和征兆，还能够把创新的工作习惯传递给每一位成员，让创新成为基本的工作形态以及日常的思维习惯。

谷歌是一家伟大的创新型公司，这也就意味着公司拥有很多创新型的人才，为了激发员工的创新积极性，谷歌为员工提供了一个让各种创意因素可以自由碰撞、自由生长的环境。谷歌坚持："要创造世界上最令人感到幸福、最能激发生产力的工作场所。"如果要列举世界上最好的办公室，谷歌的绝对位列其中。

谷歌的整个办公室设计让人觉得有些匪夷所思，谷歌布达佩斯总部有SPA式风格设计的办公桌，谷歌苏黎世的工程中心有微型极地冰川办公室，谷歌日本东京办公室具有浓厚的日式气息。其中最具特色的内部滑梯，几乎成了谷歌办公室的标志。此外，谷歌在办公室内设置了按摩椅、健身房、游戏区等配置，把办公室打造成了一个迷你城市，在这里可以满足生活的全部需求。谷歌办公室的空间设计不仅传播了公司文化，打破了常规办公室的布局形式，为员工能够尽情地发挥想象力与主动性提供了自由，而且让工作本身成为一种乐趣，增加了员工的工作满意度。

除了为员工提供自由轻松的工作环境，谷歌还非常重视对员工之间技术信息的共享和沟通的引导。谷歌独创了"20%时间"的工作方式，允许工程师用20%的时间自由研究自己喜欢的项目，现在被用户喜爱的谷歌新闻、谷歌地图的交通信息等都是"20%时间"的产物。

"20% 时间"的创新最宝贵的地方不在于由此诞生的新产品或新技能，而在于它不仅鼓励了员工与工作上不常打交道的同事合作，而且激励员工锻炼新的技能，培养创新的思维，由此培养出更多精干的创意精英。

创意无处不在，谷歌重视激发公司内部员工的创意，同时也善于利用外部的资源实现突破。"一图在手，走遍天下都不怕"，这张图指的便是谷歌地图。查询方便而又快捷的谷歌地图一经推出，便受到众多用户的青睐，尤其是街景全景图，给用户带来了震撼级的体验。

但是在最初，谷歌的地理团队绘制地图时，世界上并没有非常完备细致的地图。为了更快地搜集地标数据，Map Maker（地图制作工具）诞生了，它的出现意味着每个人都可以完善地图，每个人都可以把地理信息标注上去。最终，谷歌工程师核对无误后再把信息完善地绘入地图中。这种创新性的做法，汇集了普通人的力量，使问题得到了更高效的解决。

谷歌在进行全球扩张时，需要将网页信息翻译成当地的语言，但是加利福尼亚州的工程师却并不擅长进行语言的翻译。解决这个问题最常规的办法是聘请专业人士进行翻译工作，虽然这种办法可以把问题解决，但是因此产生的费用并不小，而且整个过程也会耗费一定的时间。

谷歌并没有选择"最普遍的方法"，而是将问题的解决重点放在了用户身上。工程师把所有的文本放在了网上，招募志愿者把文字翻译成当地的语言。结果超出了他们的意料，志愿者们不仅在短时间内完成了工作，而且翻译得更符合当地的习俗和习惯，更加出色地完成了工作。

在技术改变成长的今天，共生型组织借助于技术框架来展开沟通与协同，用新的技术方式、新的共享服务模式、新的商业模式实现共生型组织各个成员的成长。

当然不容忽视的是，这是一个艰难的过程，因为这不仅需要敏锐的创新能力，而且要设计有效沟通的方式，使得每一个参与的成员可以达成共识，而设计让成员能够使用的技术框架，本身并不是一件容易的事情。令人高兴的是，就如前文介绍的谷歌一样，越来越多的企业已经展开在技术框架下的沟通与共享，并取得了越来越好的协同创新成效。

内求定力，外联共生

● 真正能够超越变化的，并不是机会主义者，而是那些坚持爱、信任与承诺并让生活变得美好的长期主义者，他们才能够超越变化并得以持续。

在 2019 年到来之际，回望 2018 年，这个在 40 年前意味着不一样的中国开启的年份，总让我们感慨与忐忑。感慨的是，开放、市场与政府组合在一起，把我们从一个令人难以忍受的贫困状态释放出来，并把物质财富提升到了一个史无前例的水准。忐忑的是，浮躁、泡沫与欲望组合在一起，让我们在一种令人兴奋冲动的自我膨胀中不断沉迷，同时还侵蚀了人们内在的精神安宁。

在这个时代，首要条件并不是快速的变化，而是持续的变化，这既带来了正面的影响，同时也带来了负面的作用，越来越多的人被拖入了信息过载的焦虑之中。我们进入了难以名状的时代，各种主义横飞，无主流，无定数，如今的环境给我们提出来一个难题：当如此多的不确定性因素、难以预估的风险、越来越多的动荡围绕在身边时，无法厘清眼前的状况，我们该怎么办？

这已经不只是挑战与困惑，还导致了人们对未来的无力感。因为这一切也削弱和颠覆了过去几十年里人们所熟悉的标杆与价值判断。人们不断询问：到底什么才是我们可以信赖的选择？

令我惊奇的是，最近总是想到西绪福斯，这位古希腊的国王因为触犯诸神受到惩罚，诸神要求他把一块沉重的巨石推上陡峭的山峰，石头每次快到山顶就会滚下山脚，西绪福斯就再把石头推上去，这个过程不断重复，永无止境。很多人从不同的视角去诠释西绪福斯，但是我理解为，他是自己的主人，这块巨石上的每一个颗粒，这山上的每一粒矿砂，唯有和西绪福斯才能组成一个世界。他真正的救赎恰是能够在苦难之中找到生的力量和心的安宁。仔细想来，我之所以想到西绪福斯，正是因为他的力量来源于他接受了这个过程所包含的挣扎，他没有因挣扎而泯灭，他找到了与挣扎共生的方式。

所以，面对不确定与风险，**我们所需要的，不仅是直面它的勇气，更是认知它的能力。**亦即我们该拥有什么样的世界观，才可以真正与不确定性相处，与动荡的世界相处，如西绪福斯般与挣扎相处。

这意味着我们需要自己来界定对于外界的认知与判断，**需要我们有意识地创造出一个内在的、更大的空间，让我们得以保持内在的稳定性，并由此而感知整个世界，从而与之相处。**这个内在的空间，完全取决于你自己的世界观。

世界观是一个奇特的术语，它根植于认知哲学，简单而言，它是指一个人对整个世界的总看法。"我们生活在一个移动技术的世界里，但移动的并不是设备，移动的是你。"我们要记得我们的根本，以及我们几乎失去的灵魂——让生活有意义。**正是我们，可以定义自己的**

意义与价值，这全依赖于我们的世界观，而不是其他。

在人类羸弱、自然浩瀚之时，哲人先贤总是向内寻求力量，引领人类走出迷茫。孔子说："芝兰生于深林，不以无人而不芳；君子修道立德，不为穷困而改节。"帕斯卡尔说："人只不过是大自然中最柔弱的芦苇，但他是会思想的芦苇。他不用等待全部宇宙武装起来打击他；一点蒸汽、一滴水，就足以置他于死地。可是，宇宙压溃他时，人仍比那凶手更高贵；因为他知道死期已到，而宇宙毫不知情。"

在老子看来，"道"并不是一个必须尽力遵循的"理想"，而是一条通过我们自身的选择、行动与努力而不断去开拓的道路，每个人都可以重新创造"道"。**向内求得力量，这是 2019 年你我需要做出的最大改变。向外连接共生，这是 2019 年你我需要做出的有效选择。**

如何做到？

▶ 01 建立长期主义价值观

拥有不同的价值观，就会选择不同的发展模式。在一段时期内，"风口""颠覆""超常规发展"等一系列的概念，代表着一些人为了获得短期利益而设置的自己的发展模式，这些我称之为机会主义的价值观。但是，真正能够超越变化的，并不是机会主义者，而是那些坚持爱、信任与承诺并让生活变得美好的长期主义者，他们才能够超越变化并得以持续。

价值观之所以重要，是因为它可能是唯一一个能够与市场和变化对抗的力量。巨变的环境会带来很多挑战，但是同时也会带来很多诱惑。如果仅仅是为了短期利润或者采用机会主义的价值判断，会带来不可逆转的伤害。越是在动荡时，越要坚持企业的基本假设符合长期发展利益，保有长期主义的价值观是今天必然的一个选择。建立长期主义者的价值观，意味着去做有意义的事，意味着明晰的道德标准。有意义的项目能够超越变化带来的压力，而明晰的道德标准，对于复杂环境带来的不确定、风险以及危害具有天然的保障作用。

▶ 02 从预测判断转向不断进化

在一个持续变化的环境里，没有人能够预测并借由预测做出判断和选择。在这种情况下，正确的做法，就是要**朝着特定的方向，做好一次又一次调整自己的准备，并努力在前进的过程中不断验证和改变，以适应不断变化的现实**。在太多的不确定性市场中，持续而灵活的适应性，是你必须要掌握的能力。

不断进化的承诺也是一种古老的军事战略。卡尔·冯·克劳塞维茨在其名著《战争论》中写道："战争中充满不确定性，战争中四分之三的行动都或多或少处在不确定的迷雾当中。"在他看来，审慎的战争策略就是要针对敌军状况，相应筹建一支军队，朝着一个特定的方向，不断因应变化而做出调整，从而提高成功的概率。

▶ 03 致力于不可替代性

在动态竞争中，稍有闪失也许便会被淘汰，这是组织参与竞争要面对的残酷现实。机遇之后是更广阔的市场，同时也是更复杂和更长久的考验，因此更踏实、更有价值的组织才能存续。

从反向角度看，一个不能踏实做事的组织，呈现给顾客的是急功近利和投机取巧的形象，这样的组织是无法真正得到顾客信任的，更不会获得顾客的长久支持。没有顾客基础的组织无论已经做到多大的规模，终究还是脆弱的。所以，组织需要专注于自己的行为，专注于专业性与价值创造。"如何更好地满足顾客需求"是所有问题的根本和核心，也是踏实、专注、心无旁骛工作的根本。踏实地创造不可替代的价值，不仅是一个可持续的组织体系的基础，而且能让组织拥有更多、更大的生存发展机会。

▶ 04 从固守边界到伙伴开放

通常情况下，内部与外部总是会存在一个明显的界限，但是一个封闭系统是无法适应动荡环境的，能够认识到这一点的人，就有了进入全新发展空间的可能性。

这个时代，正转向平台化、云化。平台化、云化最根本的特性就是开放，就是连接与协同。比如，海尔有一个由40万名"解决者"组成的网络——来自世界各地的机构和技术专家——帮助公司应对大约1000个领域的挑战，海尔的开放伙伴生态系统让海尔获得了有效的持续价值创新。

▶ 05 构建共生态

研究发现一些企业不断地利用技术优势和信息独享，制造出更丰富的需求和选择，创造出更优质的产品和服务，可以在短时间内被推上风口，但是正如科特勒所言："把独享当作目标的日子已经一去不复返了，包容性才是商品游戏的新主题。"

不难看出，长久的价值创造是命运共同体带来的集体智慧结晶，共生的逻辑是让组织形成命运共同体、拥有集体智慧的重要维度。从生物学的角度出发，共生是一种普遍存在的现象，它代表的是多种不同生物之间形成的紧密互利关系，共生生物之间相互依赖、互相有利。由此延伸出的共生型组织，意为不同组织之间的相互合作关系。在这个过程中，组织具有充分的独立性和自主性，同时组织之间基于协同合作进行信息和资源的共享，通过共同激活、共同促进、共同优化获得组织任何一方都无法单独实现的高水平发展。尽管共生不可避免地带来冲突和分歧，但它从更大程度上强调了共生组织之间的相互理解和尊重，实现彼此更优越的进化循环。

▶ 06 做好当下即是未来

在去南极的路上听导游介绍南极，其中最令我刻骨铭心的是人类第一次登陆南极点的故事。

到达过南极点，这是一百年前所有探险家梦寐以求的，最后两个团队打算完成创举。一个是来自挪威的罗阿尔·阿蒙森团队，一个是来自英国的罗伯特·福尔肯·斯科特团队。他们出发的时间差不多，但是两个多月后，1911年12月14日，阿蒙森团队率先到达了南极点，插上了挪威的国旗，并顺利返回了基地。斯科特团队晚了一个多月到达。最令人惋惜的是，因为晚到了一个多月，回程天气非常差，最后他们没有一个人生还。人们在惋惜之余，总结阿蒙森团队的成功经验时，归结为一句话：不管天气好坏，坚持每天前进大概30千米。在一个极限环境里，为达成目标，你要做到最好。更重要的是，每一个当下，你都要做到最好。

当写好这篇新年寄语时，我对自己说：我们该了解到，当一个人处于充满未知的环境中，他的优点和弱点都会显得异常清晰，这无疑给了我们一个认识自己的机会，因此我们要接受与未知相处，接受自己的长处和弱点。如果可以面对这样的未知冲击，本身就是一种成长。

"当海浪拍岸时，岩石不会受到什么伤害，却被雕塑成美丽的形状。"在我看来，不管环境多么不确定，技术所带来的变化多么巨大，能够帮助我们一步一步靠近目标的，都是注视自己的脚下，不受外界的影响，让内心做出选择，用内在的力量，透过自身的努力去寻求最大的可能性；也就是开放自己的边界，连接更多的伙伴，让专注的价值成为不可替代的，透过共生的空间去获得持续的成长性。

2019年，是一个经由你自己，向内求得力量、向外获得共生的时代，愿你我跟上时代的步伐！

谁是组织"对的人"?

● 需要把员工变成"对的人",不能只是侧重公司意识的培养,而是应该侧重对责任意识、对角色的任务意识的培养。

我之所以用"对的人",而不是"能人",是因为我想表达自己一个明确的选择,在一个急剧变化的环境下,更需要合作和协同,而"能人"却恰恰做不到。

"能人"的第一大特点就是经验丰富,因其经验太丰富,有极强的能力,所以比较难接受新的东西,往往喜欢凭经验去行动;第二大特点是不善于合作和协同,总是希望自己解决问题,总是不放心授权其他人去做事情。

以上两点也是那些拥有很多"能人"的大型公司在今天反而显得吃力的一个主要原因。这些大型组织的协同效率太差,反应速度和决策速度太慢,结果丧失了市场机会。

谁才是组织中"对的人"?"对的人"主要有以下几个特征:

▶ 01 不固守经验

可以毫不夸张地说，在目前的形势下，大多数企业都需要用新的办法来完成它们目前的所有工作，这是快速变化的环境提出的要求。

几乎所有的企业都需要全面接受互联网技术对行业的改变并重新认识行业的规律。

我曾在 2015 年年初撰文告诉大家，互联网本身也正在从"消费互联网"转变为"产业互联网"，一切都在快速迭代、变化之中。

这就要求我们**不能再以过去行业的经验、自己的经验来面对今天的问题**。

就如我和当时的新希望同事们说的那样，我相信同事们拥有几十年对于农牧企业的丰富经验，但我担心的是，同事们根本不知道，接下来农牧企业长什么样子。

所以**"对的人"首先具有的特质就是不固守经验。他应该总是用新的角度看问题，总是提出新的想法。**

他不会说"过去是怎么做的""经验是什么"，而是说"新的环境、机会、挑战是什么""我们试试一些新的做法""看看是否有不同的解决方案""虽然这个做法我从未试过，但是为什么不试试看呢"。这样去说、去做的人，就是一个"对的人"。

企业处于各种各样的混乱之中时，新的想法常常不会被关注。但是"对的人"，往往能让总爱回归到经验、习惯的人接受他的新想法，使新想法得以贯彻和落实。

很多时候，人们更愿意重复与以往同样的方法和措施，这样或许会比以往的成本低一些、速度快一点。对企业来说，今天继续重复昨天的做法会容易很多，风险看起来也许会小一些。但是"对的人"更清楚，如果固守经验，被淘汰则必然成为现实，这个风险显然要大得多，所以"对的人"会坚持引领大家超越经验、忘掉经验，采用新的方法。

▶ 02 创新并承担责任

在工作岗位上，"对的人"清楚自己的工作任务、时限要求、完成工作所需要的技能和具体的衡量标准。因为变化的要求，使得管理者需要创新地工作，组织对创新的鼓励和期待也达到了从未有过的高度，创新已是对一个成员的根本要求，自然也是"对的人"的一个基本特征。

但是光有创新还不够，因为核心特征是能够承担责任。创新在很多时候会带来不确定性或者更高的成本。而"对的人"会把创新与责任组合在一起，让责任非常明确，并能够发挥创新的功效，明确自己的任务和责任，这是极其重要的特征。

因为变化的挑战，让组织很难清楚界定每个人的角色和责任，甚至在很多时候，需要不断调整成员的角色和责任，这是组织柔性的一个表现，但是又会带来一定的混乱，甚至无法界定清楚人们的绩效以及组织绩效。

对变化环境中的企业来说，战略是至关重要的，但是许多企业的战略一般不会深入到企业的基层。按理来说，企业的经营战略应该自上而下一层一层地解读和传达下去，但事实是，企业即使这样做了，因为变化或者因为员工理解的不足，也并不能让企业各个层级的人都能够十分明确自己的方向和责任，更不能让基层员工理解到变化。

相反，企业的基层员工往往会重复他们一直以来所做的事情，但是这样的做法也许并不符合企业的发展战略，因为战略已经随着环境不断更新。这时就需要把员工变成"对的人"，不能只是侧重公司意识的培养，而是应该侧重对责任意识、对角色的任务意识的培养。如果做到这一点，我们就可以让基层员工成为"对的人"，从而帮助企业战略落地执行。

▶ 03 强调自由但注重价值实现

"对的人"也是热爱自由的人，因为他们具有解决问题的能力，拥有专业的技能，并被证明是有价值的，所以不受约束、崇尚自我几乎是他们的普遍特征。但是他们又有着另外一种普遍特征，就是注重价值贡献。

那些整天呆坐在办公室，那些把大部分时间花在"自己认为重要的事"上的成员，以及那些因替代更低一层职位的人而忙碌的管理者，并不能为企业发展带来应有的价值，这一点尤其需要我们关注。

"对的人"会有明确的自我角色认知，会以更高的效率工作，其努力的结果是为了获得更多属于自己的时间和空间，这些努力的确需要我们理解，如果用打卡、对工作时间的监督等手段对待他们，"对的人"也许会离你而去。

因为在他们看来，他们非常清楚工作中的关键任务是什么。因此，**在合适的时间以合适的方式实现工作目标本身就是他们的工作重心**。他们绝对不会让无关紧要的事情凌驾于重要的工作之上，他们的所作所为一定会真正增加价值，当他们确信这一点并做出努力时，他们希望得到信任和尊重，希望在一个**自由轻松的氛围**中工作。

今天，打造轻松而自由的工作环境是一件比较容易的事情，电子通信工具，如电子邮件、语音信箱、即时消息以及类似的工具，都会提高信息交流的速度，所以我们要习惯于提供这些便利以及自由的工作环境，这样才可以吸引"对的人"来。

我去过腾讯的"微信总部"，看到办公室里配备了健身房、游戏室，还有滑梯、咖啡厅和中医按摩。说实话，站在微信所在的总部楼里，我很羡慕在这里工作的人，不过，我也知道微信创造的价值是什么。

事实上，**"对的人"崇尚自由，但是更注重价值实现**，没有人被要求做得更多、更好，但是他们一定会做得更多、更好。只要目标清楚，"对的人"一定会全力以赴把目标完成，而且因为他们的特质，你并不需要关注过程，结果一定会如你所愿。

我参加戈十时想为队友写一首战歌，歌词写好了，但是在同学之中找不到可以编曲并做成 MV 的人，我想到曼午，就在微信里问他，曼午很快找来传建、拾口、小帮、渝娟，把同学们拉练的素材传给他们，他们就开始谱曲、编排。视频做好了，拿到 MV 时，我的确庆幸自己找对了人，否则无法在这样短的时间、在我们彼此没有见面的情形下，把这个结果呈现出来。

所以，**"对的人"就是不固守经验、勇于创新又承担责任、崇尚自由又注重价值实现的人。**

"改变"是你最大的资产，
能抛弃你的只有你自己

● 幸福是奋斗出来的，没有人能仅仅依靠聪明获得成功，要想成功只能通过奋斗和付出。比别人多付出一点，离成功才能更近一点。

> 改变的秘密，是把所有的精力放在建造新的东西上，而非与过去抗衡。
> ——苏格拉底

这是一个随时更迭的时代，也是一个随时创造奇迹的时代；这是一个正在发生的未来，也是一个变化远超之前任何一个时代的时代。在这个时代中，有些曾经辉煌的企业已经划过天空，而有些曾经稚嫩的企业已经照亮当下。在这样一个被变化加速的时代，可以说，变是唯一的不变，变化是常态。对企业来说尤其如此，兼并、收购、出售甚至倒闭，也可能是一瞬间发生的事。要是发生一件，就有人在传播领域提醒一下"你又被抛弃了"，感觉的确是要加重焦虑的。

▶ 01 强者的本质，是在变化中成长

创造顾客本身就创造了一个属于自己的市场，如果从这个角度思考，我们很容易获得这样的认识：只有在不断变化的经济中，或者至少是视变化为理所当然且乐于接受改变的经济中，企业才能够存在。变化会产生新的顾客群体，也就意味着新的机会。因此，那些拥有创新能力、持续成功的企业，会非常欢迎变化并拥抱变化，因为它们深知，变化正是获得机遇的绝佳时机。

纵观很多企业的发展历史，我们可以发现，在不断的兼并、收购、出售等变化中，总有些企业顺应时代潮流，勇于抓住机会，自我变革，主动转型，发挥战略、组织转型、文化传承以及落地执行之间的有效组合，通过确立新的战略、调整商业模式、产品和服务创新等举措，使企业得以实现更强更久的发展。

也就是说，改变，对追寻基业长青的企业来说是个永恒的主题。

▶ 02 改变，面临五大阻力

俗话说，禀性难移。从心理学角度来说，心智模式指导着个体的思考和行为，而心智模式与个人的成长经历、信念、价值观、家庭背景、人际关系、教育、自我认知等有很大的关系，并且深受思维惯性、看问题的角度和偏好、解决问题的思维模式和方法、已有知识等的局限。心智模式早早定形，让人在成长过程中不断形成自动化思维，以更快地做出选择。但是，一旦做出了某种选择，这一选择就会

不断地自我强化，从而使人切换到另外一条路径上的代价越来越大，即这种自我强化会导致个体的路径依赖。在这样的情况下，改变自己相当于部分否定自我，放弃已有的经验，重新塑造人格特性，其难度之大可想而知。

个体不容易改变，组织也一样难于"对自己下手"。组织最常见也最重要的改变是企业的转型。要成功转型，就需要破除一些转型的阻力。在我看来，组织转型的阻力主要来自五个方面：

1. 过于迷恋现有核心竞争力

一家成功的企业，可能已经有较长的历史，甚至已经成为行业领先者，这样的企业会对公司已有的核心竞争力非常自信。如果不能超越这一点，延伸新的能力，重塑市场竞争的格局，那么企业的发展可能会被这个核心竞争力所限，甚至被淘汰。

2. 无力打造新业务

过度专注于原有的业务领域，并对已有的经验津津乐道，就会形成组织的路径依赖，所以就会想当然地忽略新业务，甚至遇到新的机会也认为不需要或者不可能。

3. 部分管理者已经落伍

现实中，有部分管理者是这样的：面对新方向，想都不想一下，就直接将其否定。抛开转型可能带来的利益损失，有时候并不是因为其他原因，只是因为有的管理者不愿变化，导致其所在的部门或领域无法做出改变，最终导致转型失败。

4. 不安与焦虑

改变必然会带来波动和阵痛，打破"舒适区"，阻断思维定式，会让很多人不安与恐惧。为了让自己稳定和安心，有的人就直接拒绝改变。

5. 避免冲突

只要改变就多多少少会有一些冲突。为了避免冲突，有的人就不愿意做出改变。

▶ 03 改变，已经成为组织最大的资产

当前，面对互联网经济的各种新技术，消费者不断升级的新需求，新的商业模式层出不穷，新进入者以颠覆的方式强势出现……这一切都与过去的企业生存环境完全不在一个层面上。为此，一方面，企业原有的业务本身会遭遇到产业调整的挑战；另一方面，企业要面对整个外部环境剧变的挑战。

那么，当遇到困难、挑战、压力时，怎么克服焦虑情绪，让自己更安心地做自己应该做的事呢？我的观点有四个。

1. 所有的成功，最终都是人的成功

无论环境也好、挑战也好、对手也好，它们永远都会存在。很

多人问我：陈老师，你关心对手吗？我说：如果对手成长了，值得学习，我一定会关心；如果对手不成长，不值得学习，我就一定不关心。

无论是环境、政策、技术、对手，还是其他要素，其实都是会变的。当这些都在变的时候，就一定不会成为你的障碍。比如，每到一年的年末，会出现很多对来年发展趋势和市场行情的预判。行情可以作为判断的依据，但是绝不能作为行动的依据。行动必须基于目标、基于责任、基于追求。

多年来，我一直都在判断，但是绝对不影响我的行动。我的行动只与目标、战略和梦想相关，但绝不与行情相关。对行情的判断可以帮助我们的是，确保自己不离开趋势，但不能由此决定行动。这也是为什么说，所有的成功最终都是人的成功，因为你有主动权，你有决定权，这一切都是由你自己决定的。企业领导者和管理者要牢牢记住自己的梦想、目标、战略和责任，因为这四个要素决定你的行动。我们可以看到，任何行情下都有优秀的企业，任何危机中都有触底反弹的公司，任何困难的情况下都有强者出现，原因就在这里。因此，你一定要相信，你有这个能力，你可以做到。

2. 结果基于意愿，始于行动

怎样才能得到结果？结果就攥在我们的手上，结果取决于我们的意愿，我们想要的就一定是我们的。什么叫作胜利？主要取决于你的决心。胜利一定取决于我们对它的追求，也就是意愿，意愿促成结果。当然，不只是有意愿就可以，还要有一系列的行动和付出。要用踏踏实实的行动解决现实存在的问题，这样才能得到结果。过程中，不需要有任何担心，也不要怕运气不好，因为世界是公平的，命运永远垂青有准备的人。

3. 保持成功和领先的唯一答案是更用心

其实成功者与失败者之间唯一的区别，就是成功者比失败者多付出了一些东西。如果企业中每一个个体都多用一点心，每天进步一点点，一段时间之后，一定会显现巨大的领先力量。所有人都用心多一点，保持领先和成功的可靠性，根本就不用担心。幸福是奋斗出来的，没有人能仅仅依靠聪明获得成功，要想成功只能通过奋斗和付出。比别人多付出一点，离成功才能更近一点。

4. 分享与共生才是可持续的关键

怎么才能保证持续生长、持续增长、持续领先？那一定是分享与共生。我们怎么才能让自己走在正确的道路上？那一定要建立分享与共生模式。一旦建立分享与共生模式，我们的生态圈就真的可以活起来。如果拥有一个活的、有生命力的生态圈，内外部一起生长起来，就一定是可持续的。生命的真谛就在于运动、在于生长、在于共同生长的过程。这种共同成长，本身就在分享与共生，所以要在机制创新、产业协同、内外资源整合以及每位员工的成长上努力。

也许环境会有很多变化，也许发展中还会有很多挑战，甚至无法预知明天会发生什么，但是我相信，有这四个观点的支撑，应该是可以接受所有挑战的。

▶ 04 能抛弃你的人，只有你自己

抛开热点公众号文章的观点是否正确的争论，即便已经产生了一些焦虑，也没有关系。好消息是，根据心理学家的分析，焦虑的存在也有一定的积极意义，适度的焦虑是一种能动因素，是建设性的正能量，有助于激发潜能、应对挑战。

作为个体，要认识自我、激活自我、挑战自己、完善自我，不断地学习——向杰出的前辈学习，向优秀的同龄人学习，汲取他们的经验和教训，通过渐进式的改进，努力追赶，持续进步，每天都成为比昨天更好的自己。当你遇到最好的自己，就会发现：能抛弃你的人，只有你自己。

作为组织，要打开眼界，解放思想，认真向标杆学习，不断认识行业，理解转型，发掘组织的优势和优秀的基因，扬长避短。在业务模式和组织架构上的变革，既能像大船一样抗风浪，又能像小船一样好掉头。变是为了不变，变的可能是使命愿景、产业属性、业务领域、组织模式、时间效率、盈利增长等；不变的是企业的永续发展和整个组织的团结及凝聚力。基业长青，需要组织拥有永远敢于改变的积极心态。

总的来说，每一个个体、每一个组织都要深入追求新的转型与变化，善于在战略层面去思考，站在宏观和历史的角度去考虑推动自身变革和发展的原因。然后，自我变革，主动转型，真正做到敢于放弃、敢于尝试、敢于创新、敢于挑战，通过分享共生来驱动自身成长，最终实现自我超越。

因改变而美好。愿你不惧改变，变得更强！

真正优秀的人，会持续地自我完善

● 真正的成功就在于这个人所做的所有事情都是有质感的，都是有品质的，而这样的人才会有品位，才会有味道。

与同学们交流的时候，同学们确信思想是极其重要的，也很认同一个人思想的高度决定这个人的高度。坦白讲，以往我也是持有这种观点的人，在过去也会花很多时间不断地思考，不断地企望可以通过思想的深化贡献自己的价值。

但是，当我不断地深入实践的时候，无数的事实让我明白了一个最简单的道理，那就是：思想需要落实为行动，转化为真实的结果，思想才真正有意义。

▶ 01 思想以行动为载体

改革开放初期，人们在思想上极其困顿，一方面根深蒂固的意识形态上的累积，让许多人无法分辨改革开放的对与否；另一方面残酷的现实让国人明白，如果不改革开放中国就会陷入无法发展的地步，脱离整个世界发展的轨迹。

正是在这样思想极其混沌的情况下,邓小平极清醒地提出"实践是检验真理的唯一标准""摸着石头过河"等一系列关于改革开放的明确观点,从行动上来推动改革开放。正因这些清晰的指引,中国的改革开放才获得了成功。

因此,思想固然重要,但是思想只有转化为实践、指导实践才会焕发出异样的神采,而思想只有以行动为载体的时候,魅力才会展示。理想固然重要,因为没有理想,人生就没有了前行的力量,但是理想之所以具有如此的魅力,正是因为它可以指引每一步现实的努力,而经历每一步现实的努力才可以靠近理想,让理想成为现实。因此,面对现实才是我们做出的首要选择。

▶ 02 现在是你的所有,过去和未来不是

"日事日毕,日清日高",这是海尔的管理理念。张瑞敏到底为海尔带来了什么东西?仔细研究海尔的文化,就会发现张瑞敏给海尔带来了一个员工的习惯:要求每一个员工每一件事情必须在当天做完,当他每天都做完的时候,每天就会进一步,所以叫日清日高,这就是海尔最值得骄傲的东西。

正是"当日事当日毕"的习惯,使海尔成为效率最高的一个企业。所以今天所做的事情一定要在今天结束,不要推到明天去,每天的事情一定要在当天结束,这是第一个需要同学们做到的要求。

第二个需要同学们记住的是:现在才是你的所有,过去不是,将

来也不是。

上课的时候我让很多同学根据三个词写出自己的感受，这三个词是"过去""现在""未来"。

同学们给我的答案是：过去是美好的回忆，未来是光明的未来。对于现在，同学们好像觉得现在就是现在，没有什么可以描述的。

这样一个简单的问题，却能够折射出同学们的基本情况，这样的答案表明，同学们对过去、未来都有认识和期许，但是往往忽略了现在。

如果强调过去，其实你是懒汉，因为你对于过去的东西耿耿于怀，对于已经取得的成绩念念不忘。

如果强调未来，把所有的期望都放在未来，其实你是懦弱，因为你不敢面对现在，把一切都推到不可知的未来，是在寻找借口，逃避现实。

唯有现在才是强者，真正能够把握的其实只有现在。

所以我一直很喜欢的一个口号是：从我做起，从现在做起。

这就是我希望同学们了解的东西，能够把握现在，你就有了未来，每一代人都不需要与前人比较，因为你肯定是可以超过前一代人的，社会一定是在进步的。所以同学们不用担心要不要超过我，你一定可以超过我。

做到这一点需要一个前提，就是要把今天的事情全部做好，只有你做好每一个今天，你才会超越别人而拥有明天。

▶ 03 训练 OGSM-T 工作方法

把握好现在就需要同学们做成功的计划，把每一天、每一个月、每一项工作、每一个年度，用成功的标准来做，不要得过且过，不要不求品质。

我非常在意品质这个概念，品质与品位有着内在的联系，品位就是有品质的味道。

成功的计划就是用品质作为原则，确定做事的时间和标准，换句话说，就是一定要对你做的每一件事都强调质量。真正的成功就在于这个人所做的所有事情都是有质感的，都是有品质的，而这样的人才会有品位，才会有味道。

确定计划需要从目标设定开始，当目标设定之后，就需要安排时间和检验的标准。以往的观察让我了解到，同学们会忽略检验标准，也忘记时间的安排，更糟糕的是会总结却不会计划。

"总结"总结的是过去，"计划"计划的是未来，会写总结而不会写计划的人，会变成只有"过去"却没有"未来"的人。

在企业日常管理中会有一个工作方法，称为OGSM-T，这个方法同样适用于同学们的日常学习和生活。

1. 目的（objectives）

也就是需要确认你的方向是什么，你需要达成什么。通常指长期的时间框架（如4年）；通常指一个领域或最多两个领域，并且对核心领域做质的描述；目的通常来自自我创立、方向指引、使命定位。

2. 目标（goals）

怎样衡量达成目的过程中的进展？对目的做量化指标；周期性

（季度或月度）追踪；尽量用图表报告。目标应该明确、可量化、可实现并且与目的一致。

制定目标应遵循 SMART 原则：明确的（specific）、可衡量的（measurable）、切实可行的（achievable）、结果导向的（result-oriented）、有时间限制的（time-limited）。

3. 策略（strategies）

策略是指怎样达到目标。"策略"通常包括所用工具、核心事务以及关键成功要素；"目的"是决定与方向，"策略"是为达到"目的"及其"目标"所做的选择；"策略"不能太多，否则会失去重心、分散资源，策略通常限定在五个或更少。

4. 衡量标准（measures）

你关心什么，就衡量什么；只有衡量你想得到的，你才有可能得到；没有衡量就没有管理。衡量标准应该明确、可量化、可实现并且与目的及其目标一致。制定衡量标准也要遵循 SMART 原则。

5. 行动方案（tactics）

指具体的活动或项目，完成这些活动将获得竞争优势。步骤：写下所有为达成目标必须做的事。责任：每一个步骤由谁负责。支持：期望什么样及谁的帮助。时间：每一个步骤开始及完成的时间框架或者流程顺序。每月评估：追踪进度，若有差距及时调整。

这是企业管理中最常用的工具，如果你可以在日常生活中就采用，你一定会有收获并受益终生。

▶ 04 为什么人的组织属性更重要

我担心今天的年轻人想的比能做的高。正如我一直强调的那样，其实手始终比头高。现实生活中，人们说的比做的好，想的比做的好，梦比现实好。我用这句话自勉，也把它转给了我喜爱的学生们，也许是这样，因此自己常常觉得有太多东西需要学习。

生活中很多人之所以存有这样那样的困惑，是因为没有联结理想和现实的桥梁，大家简单地认为思想和行动之间是一个被动和主动的关系。就如很多经理人认为战略是老板的事情，他们没有机会为公司的战略做出选择，但是这个理解是极其错误的，战略并不是思想，而是行动，每一个经理人的行动都是战略的选择，也许战略目标是企业家的事情，但是战略本身一定是经理人的行动。

年轻人存有这些困惑，是因为大家认为个体是独立存在于这个世界上的，这一点并没有错误，但是当个体存在于这个世界上的时候，最重要的不是人的个体性，而是人的组织属性。

在我讲授"组织行为学"这门课程的时候，我会花很多时间来讲解个体在组织中的作用和属性，我会非常认真地、明确地告诉所有人：组织是为实现个人生存目标和组织目标而存在的，组织存在的关键是个人对组织的服务，即对组织的目标有所贡献的行为。

巴纳德认为，"组织不过就是合作行为的集合""当两个或两个以上的个人进行合作，即系统地协调彼此间的行为，在我看来就形成了一个组织""世界上最简单的组织是两个人,甲和乙之间的商品交换"。

组织能否发挥效用,取决于组织本身能否带动组织成员一致性的行为,大多数情况下,组织成员有着不同的目的和行为选择,如何让这些不同目的和行为的人集合在一起?其关键要素是什么?就是组织目标。

组织因目标而存在,同时也因实现目标而获得组织成员的认同。

▶ 05 人的优秀在于行动

因此,如果需要解决这些困惑,那么需要解决的一个问题是人的角色。

你作为个体可以是一个充满理想的人,可以是一个热爱思考的人,也可以是一个不屈从于现实的人,但是当作为生存的选择时,你只能承担职业所必须承担的角色。而这个角色决定了你必须是一个充满理想而又脚踏实地的人,必须是一个热爱思考而又身体力行的人,必须是一个面对现实解决问题的人。

这样的要求也许在很多人看来太过苛刻,但是一旦成为职业人,你所承担的责任要求你必须如此行事、如此思考。

在过去的课程中,我曾经很认真地讲授一个专题课程:职业经理人的素养。在课程里,经理人需要了解到,当处于职业角色的时候,我们所需要做的就是行动:

◇ 具有承诺的心态,对目标承诺,解决为什么做的问题;

◇ 对措施的承诺,解决如何做的问题;

◇ 对同事承诺，解决与谁做的问题；

◇ 做到对环境的敏感；

◇ 愿意脚踏实地地工作；

◇ 关注结果；

◇ 对于不确定问题的公开坦诚；

◇ 选择的标准，知道什么应该做、什么不应该做；

◇ 给工作赋予意义，以使成员愿意为之全力付出。

我很在意职业经理人的这几项素养，是想清楚地表达，作为一个人来说，其职业的要求就是一个实实在在的实践者，如果没有职业化的心态，不能面对问题解决问题，不能配合企业的要求，不能带领员工共创业绩的话，那么你对你的角色定位就会产生误解，因此而产生的痛苦就可想而知了。

哲学上有一句名言："人只不过是大自然中最柔弱的芦苇，但他是会思想的芦苇。"这句话给了人类本质的评价并使人类承担了宇宙的责任，因为在这个星球上，人之所以能和其他物种区分开来，就在于人有思想。

但是这仅仅是人与其他物种区别的本质，而对人类自身来说，在这个世界里，人之所以有的优秀、有的一般，就在于优秀者更有实现构想的能力，而不是更有思想，人之优秀正是源于他的行动。

大部分人也在强调自己比别人优越的各种条件，但是究其根本一定是：一个优秀的人能够持续地完善自己的行为，以比别人更高的标准来行动。**我们需要放弃对自己的过度欣赏，需要打开心胸，接受现实。理想之所以能够变成现实，是因为有连接理想和现实的行动。**

现实主义和理想主义有距离，是行动使得这个距离拉近。

林肯是坚定的理想主义者，坚信美国是统一的国家，然而正是他的现实主义色彩，对于李将军的现实主义态度，才使得南北战争取得胜利。

邓小平也是理想主义者，而正是他基于中国的现实创造并设计了经济特区的做法，使得理想得以实现。

不要用理想主义的口号来掩盖自己对于现实的无能，理想永远是理想，现实永远是现实，理想不要迁就现实，只有真正面对现实的人，才有机会成就理想，这本身就是战略的含义。

我常常在不同的场合，要求大家把手举起来，我自己的一句座右铭是"手比头高"。你现在把手举起来，你会非常清晰地知道：手是比头高的。人的高度不是思想决定的，人的高度是双手决定的。

PART

4

正确的思考能力

不断的变化、不同的重点、特别的理解、独到的见解、创新的表述等等，这一切都可以表明创造性思考的力量。到目前为止，所有世纪中最伟大的发现，就是思想的力量。

生 长 最 美 ： 想 法

为什么说"人"是一切经营的最根本出发点[1]

● 能够在市场中制胜的企业,在经营过程中一定会尽力"激活个体",包括员工、顾客、管理者,使其共同创造出"意义和价值"。

索尼公司创始人之一盛田昭夫先生曾经说过这样的话:"优秀企业的成功,既不是因为什么理论,也不是因为什么计划,更不是因为政府的政策,而是因为'人'。'人'是一切经营的最根本出发点。"

为什么说"人"是一切经营的最根本出发点?我们今天谈一谈这个话题。

▶ 01 企业领先的重要原因在于关注"人"

我们首先看看两家领先企业的做法。

被员工称为"小马哥 Pony"的腾讯 CEO 马化腾是个崇尚共享、自由精神的人,并不会单纯强调"我"的价值,他明白团队的意义。

---

[1] 本文主要内容为陈春花教授著作《经营的本质》的要点提炼,由"华夏基石 e 洞察"资深编辑张晓倩协助整理。

他曾多次说："对腾讯来说，业务和资金都不是最重要的。业务可以拓展，可以更换，资金可以吸收，可以调整，而人才却是最不可轻易替代的，是我们最宝贵的财富。"正是出于对员工的关注，仅仅是在校招员工身上，腾讯投入的薪酬、福利、教育、培养等资源，保守估计3年已经超过10亿元。

作为一家受尊敬的企业的 CEO，星巴克创始人舒尔茨曾在其第一本著作《将心注入》中说到他的父亲一生勤奋却一无所成，并且得不到雇主的尊重。因此，舒尔茨一直希望当自己能够决定局势时，要创建一家让员工感到被尊重和信任的企业。他认为，只有当企业有良好价值观，秉持"员工第一、顾客第二、股东第三"的信念，才能通过员工的服务为顾客创造一流的消费体验，最终为股东赚钱。这也就是星巴克在经营状况不好的时期，舒尔茨依然不顾董事的反对，坚持为员工包括临时工在内提供医疗保险的原因。

麦当劳对顾客的承诺是"物有所值"，合理的价格，营养丰富的食品，就是全世界近4000万名顾客天天光临麦当劳的原因所在。针对现代人体重一路攀升的状况，麦当劳曾在纽约等地采取了一项名为"真实生活选择"的计划：在菜单上标明几款套餐的脂肪以及碳水化合物含量。这个计划在纽约、新泽西和康涅狄格州部分地区隆重推出，最先推出这项服务的650家快餐店里，可以清楚地看到这种标有营养成分明细的菜单。这样一来，顾客就可以根据自己的营养需求，从现有的套餐中"加加减减"，从而防止摄入过多的脂肪、碳水化合物和热量。之所以要这么"加减"，是为了让顾客明白，他们喜欢的麦当劳食品可以满足他们的营养需求。"真实生活选择"计划可以让人们在不改变口味的情况下吃得更健康。

新生代员工具有高度成就导向和自我导向、注重平等和漠视权威、追求工作与生活的平衡等工作价值观特征。腾讯拥有一大批年轻有活力、富有才华的知识型员工，较强的好奇心、学习力及内驱力是他们的共同特征。对他们而言，工作绝不仅仅是谋生的手段，他们更希望能从工作中获取成就感，实现自己的价值。腾讯的人力资源管理实行"内部客户制度"，将员工视为公司的内部客户，用产品经理的思维去做 HR 的政策，关注用户的体验与反馈。这种"客户导向"的方式能够根据员工的不同需求制定人力资源管理政策。

同样，星巴克的员工大部分也是新生代员工，他们特别看重工作的有趣性及成就感。在大部分中国人看来，咖啡店的员工并不算是高端的职业，但星巴克采用的"合伙人"制度使所有伙伴都有一种"与有荣焉"的荣誉感。在人力资源管理设计上，星巴克在重点满足生理、安全、尊重等层面的需要后，致力于员工自我价值的实现。它向员工传递这样一种信息：只要肯努力并抓住机会，每一位员工都有更上一层楼的机会。

▶ 02 企业忽视"人"的结果是成本提高、竞争力降低

与以上领先企业相比照，如下案例、数据会引发我们的深思。

我曾经到一家冰箱生产企业交流，这家企业的设计人员很自豪地告诉我，在他们设计的冰箱里，连螺丝钉都有 12 种，在他们看来这是很有价值的事情，但是从顾客的角度看，这些螺丝钉不会因为种类

繁多而创造价值。这样设计出来的产品，和顾客期望没有连接在一起，它们并不会因为有12种螺丝钉而广受市场欢迎。

我曾做过200家企业员工工作状态的一个调查，结果让我很惊讶，因为在这200家运行比较好的公司中，5%～10%的员工是和公司对着干的，他们没有任何的绩效产出，反而给公司的管理工作带来很多麻烦；20%左右的员工是为了"次品"而工作，他们所产出的工作结果不合格；20%的员工蒙着做，不知道为什么可以把事情做好，也不知道为什么事情做不好；20%～25%的员工符合绩效要求，而真正高绩效产出的员工只有20%左右。这组数据说明企业有将近60%的员工没有有效的绩效产出。

我在持续观察中国企业的过程中，感受到企业有太多可以改进的地方，能够提升效率的空间很大。选两个小的角度来做说明。

第一个是"流程成本"。本来是两个人交流之后半个小时就可以马上解决的问题，却选择了借用流程来解决，一个流程走下来要经过至少三个人，同时还要三四天的时间。当我问这些管理者为什么不马上解决时，他们说这是流程的需要，我把这个称为流程成本。其实这样的成本非常多，但是大家习以为常，并认为这是正确的做法。因此导致企业中流程众多、错综复杂。

第二个是"沉没成本"。这个习惯类似女生的衣柜，只要条件许可，女生会很喜欢去买新衣服，但是一个奇怪的现象是，买了新衣服的女生，在大多数的情况下还是喜欢穿常穿的那几件衣服，买来的衣服都挂在衣柜里，并且总觉得没有合适的衣服穿，之后再不断买新的衣服放进衣柜里。这些挂在衣柜里的衣服就是"沉没成本"。

能够在市场中制胜的企业，在经营过程中一定会尽力"激活个体"，包括员工、顾客、管理者，使其共同创造出"意义和价值"。如果能够做到，那么流程成本和沉没成本将不会产生，也就不会产生管理中的诸多浪费。所以说经营企业预防和解决各种各样问题的核心是，企业是否认识到"人"是一切经营的最根本出发点，并以此为关注点，在人力资源管理、生产转化、系统提升等方面更积极地面对今天的挑战，并给出解决方案。

▶ 03 企业应为人类生活提供真正的价值分享

分析腾讯公司和星巴克成功的原因，我觉得最突出的就是它们都是让员工感到尊重和信任的企业，其关键概念就是"尽可能少地占用顾客的时间"并让员工快乐地工作。

麦当劳则是充分洞察和呼应了"顾客价值"。它在给顾客提供高品质的、营养均衡的美味食品的同时，为顾客带来了更多的选择和欢笑，顾客在麦当劳大家庭充分体验到"物有所值"的承诺。所以，麦当劳能够用简单的商业模式进入全球市场，它不断和顾客沟通，了解顾客的需求，解决顾客的问题，让产品一直符合顾客的期望，从而可以面对每一个时期的变化。

在20世纪80年代早期，麦当劳的广告主题"麦当劳和你"强调了麦当劳和每一个独立个体的呼应，强调了个体在生活中需要确立独立地位的价值追求。20世纪80年代中期普遍出现了一种向"我们"方向的转移，反映了传统的对于家庭价值的关注，麦当劳的广告也相应发生了变化,其主题从个人顾客转向了家庭导向。它的口号是"It's a Good Time for the Great Taste of McDonald's"(是去尝尝麦当劳美味的好时候了),有效地将美食和家庭价值联系了起来。尤其是关注对小孩的养育,让家长可以借助麦当劳的产品和策略让儿童快乐起来。20世纪90年代早期发生经济萧条,于是,在1991年,麦当劳开始实行一系列的价格削减,推行了大量的特价销售,"物有所值"开始成为其广告主题。当经济情况好转起来,但经济不安全感仍然存在的时候,麦当劳采用了一个更具亲和力的主题:"Have You Had Your Break Today?"(你今天休息了吗?)通过这样的暗示,表达出麦当劳对于顾客深切的关心和体贴。

沃尔玛创始人萨姆·沃尔顿曾经说过:"与你的员工分享你所知道的一切;他们知道得越多,就越会去关注;一旦他们去关注了,就没有什么力量能阻止他们了。"

在今天,实现个人价值的高层次需要已经是人们普遍性的内在要求,如果企业认识不到必须把"人"——员工、顾客、管理者——作为一切经营的最根本出发点,认识不到应该承担起企业重要的社会责任——为人类生活提供真正的价值分享,那么它就无法做到持续发展和在行业中领先,当然也就不能真正与今天商业的节奏形成最大的同频共振力量。

创造性思考，就是日常要做一个有心人

● 我们在自然科学里培养数学精神，在社会科学里培养人文精神，当拥有这些基础知识训练时，可以确信你就拥有了认识世事的能力。

借助于想象力，人类在过去的50年间发现和驾驭自然的力量，超过了此前全部人类历史时期的总和，太空漫步、海底穿行、生命奥秘的解构……我们开始了前所未有的人类的一个崭新的历程。

创造性的思考通常由想象力培养获得。想象力根据其功能，可以分为两种，一种是"综合型想象力"，一种是"创造型想象力"。

综合型想象力是这样一种能力，人可以把旧有的观念、构想和计划重新组合，推陈出新。这项能力没有任何创造，它只是将经验、教育和观察作为材料进行加工。它是发明家最常使用的能力。通过创造型想象力，人类的智慧可以无限扩展，"预感"和"灵感"就是通过这种能力获得的，所有基本构想或新构想也正是通过这种能力产生的。

其实创造型想象力就是我们通常说的创造力。我非常喜欢电影《阿凡达》，在惊讶于视觉冲击的同时，更加震惊的是这部电影所表现

出来的想象力和对未来的理解，它虽然是一部电影，但通过富有想象的安排，让人类感知到自己的渺小和狭隘，也感知到一个不可知的世界，这就是想象力的魅力。

每个人都有自己的专长，一个人做某些事情会比其他人做得更好。但是，还是有很多人从未找到最适合自己的工作，真实的原因是他们没有很好地发挥想象力或者创造力。一部分人随遇而安、得过且过，一部分人怨天尤人、牢骚满腹，这些人都有一个共性，就是没能释放自己创造性的思考。

爱迪生在他工厂里到处都挂上这样一块牌子："一个人除了老老实实认真思考之外，没有什么捷径可走。"他认为此话千真万确，"几乎没有哪一天我不发现这句话是多么刻骨铭心地正确"。

如果你真想探索多一点的东西，就要创造性地思考，看山一定不是山，看水一定不是水。想起一些自己学习社会科学的感受，社会科学如果从学科的角度理解，可以用文学、史学、哲学的思维方式来表达，很多创造性的思维来源于对文史哲的理解。

已经不太记得是谁这样描述文史哲的，但是我很喜欢这个描述，因为这个描述让我的理解具有文史哲的基础，对于形成创造性思考有很大的帮助。

这个描述是这样的：文学是什么？文学就是窗外的一棵树，如果你直接描述这棵树就不是文学，而必须是树旁边有水，描述树在水中的倒影，这棵水中的树就是文学。

史学的概念是什么？就像你能够寻找到一面镜子，在镜子里寻找到你的影像。如果可以在以往历史中找到与现在类似的东西，就可以判断现在的问题如何解决。理解现在的问题，需要考虑历史、考虑变化，唯此才可看透现在的每个问题。历史的方法就是教人们在看事情时，需要学会回归到从前，寻找类似的事。以古为镜、以史为镜就是这个意思。

哲学的启示是斯芬克斯之谜：人面狮身的神守在人要走过的路口，它会问每个路过的人，什么动物早上四条腿走路，中午两条腿走路，晚上三条腿走路。答对了，它就放你过去，错了你就被推下悬崖。这个故事的奥秘就是谜底是"人"。

文史哲的方法就是帮助人们学会透过现象获取本质的认识，而在对现象的理解中需要有创造性的思考能力。

对于世事和外物的理解，不能简单地以自己的认识来理解，需要扩展自己的视野和认知来理解，这就需要人们在不同的学科领域里掌握其精髓，正如描述的对于人文科学的理解一样，对于自然科学的理解也需要同样的比喻和想象力。

自然科学的精神可以用数学的精神来表达，数学可以用两个典型的原理来描述：极限和微积分。这两个原理表达的一个根本的含义就是无限接近真理，而无限接近真理就是数学精神的表现，因此对认识事物来说，不要满足于求一个解，你要想真正训练你的创造性思维，一定要去找多解。

也许你会认为世界上很多事情是无解的，我也承认存在这样的情况，但是这并不意味着我们不需要学会如何寻求解决方案。我们在自然科学里培养数学精神，在社会科学里培养人文精神，当拥有这些基础知识训练时，可以确信你就拥有了认识世事的能力。

因此，不要单纯认为读书就是为了考试，还是为了学会训练自己的创造性思维方式，只有获得了创造性的思维方式才会让你得到真正的成功和发展。普通人和成功人之间之所以会有很大区别，是因为普通人创造性的思考不够。

网络的存在，让很多人丧失了思考和创作的能力，这一点让我非常担心，因为得到信息实在是太容易了，但得到信息并不意味着真正了解信息本身的含义和内在的关系。我担心学生们养成不好的习惯，就是用信息堆砌来表达自己的想法，用别人的想法表达自己的想法，用信息去证明判断，而不是自己分析得出结论。之所以会形成这些习惯，就是因为信息量太多了，学生们可以随便在任何一个地方找到信息和相关的观点，然后把这些信息和观点连接起来，这些复制的信息竟被学生认为是自己的结论。我之所以非常担心这一现象，是因为这样的结果会使学生丧失学会创造性思考的能力。

如果说学生们几乎没有什么创造性，你会不认同甚至反对，或者认为不像我认知的那样严重，事实是今天的很多东西都是直接地借用、借鉴甚至直接是拿来主义，属于自己创造的部分少之又少。拿来主义是创造性的一种，我不反对，而且我也认为在今天的经济发展中，因为我们还比较落后，还处在发展阶段，还需要拿来主义，认真学习和消化。

但是大学生毕竟是有智慧的一批年轻人，如果大学生只会拿来主义，那就非常可悲了。如果大学生不能创造性地思考，那怎么能够做创造性的贡献？因此大学生一定要学会创造性地思考，要去探索。

对必须面对的问题，一定要用创造性的思考来锻炼你自己，只有这样你才真正帮助了自己。

我曾在华南理工大学给学生们做过一次讲座，主题是"人生因读书而改变"，和同学们交流在我一生中对我影响至深的三本书：居里夫人女儿的《居里夫人传》、林语堂的《人生的盛宴》、彼得·德鲁克的《卓有成效的管理者》。这三本书也分别伴随我人生的三个重要阶段：中学时期、大学时期以及从事管理研究时期。我竭力主张大家多读好书的原因是：读书可以启发思考、启迪智慧、获得升华。而这一切都是在阅读中才可以获得，而不是在信息中获得的。

你可能会发现在身边总是有一些人非常幸运，他们总是毫不费力就能取得其他人需要艰苦跋涉才能得到的一切；他们总是走在正道上；他们的行为举止总是恰当得体；他们学习什么都轻而易举；他们无论开始做什么，总能窥见奥妙，然后轻松完成；他们和自身保持着永恒的和谐，从不需要反思自己的作为，也不需要经受艰辛的考验。这些人所展示出来的幸运，都是源于这样一个关键的原因：他们掌握了创造性思考的能力。

这种思考的结果的确是一种智慧，人的心智如果发挥这种智慧，就可以被利用并引导帮助解决一切问题，认识这种思考的力量，明白这样的事实，有着极其重要的意义。不断的变化、不同的重点、特别的理解、独到的见解、创新的表述等等，这一切都可以表明创造性思考的力量。到目前为止，所有世纪中最伟大的发现，就是思想的力量。

你或许会问，思考的创造力是由什么构成的？它是由创造性的理念构成的。反过来，这些理念通过发明、观察、应用、鉴别、发现、分析、控制、管理、综合等手段，运用物质和力量，使自身客观化。当你潜入思考的深海，思想的活力也就迸发了出来；当思考突破自我的藩篱，就进入永恒的和谐之中，在这个自我思考的过程中，诞生的将是智慧，它可以带领你了解事物的本质知识和原理。

我们知道有许多人取得了看似不可能的成功，有许多人实现了自己一生渴求的梦想，许多人改变了一切，包括自身。我们有时也会为这种无坚不摧的力量而惊叹。但是，其实这一切都来源于你创造性思考的能力，你所要做的，就是形成这种能力并合理地运用它。

记得我和女儿一起学习司马光砸缸的课文时，女儿被司马光的智慧折服。这个故事相信很多人还记得：有一次，司马光跟小伙伴们在后院里玩耍。院子里有一口大水缸，有个小孩爬到缸沿上玩，一不小心掉到缸里去了。缸太大，而且水深，眼看那个小孩快要没顶了。别的孩子一见出了事，吓得边哭边喊，跑到外面向大人求救。司马光却急中生智，从地上捡起一块大石头，使劲向水缸砸去。"砰！"水缸破了，缸里的水流了出来，被淹在水里的小孩也得救了。其实在日常生活中，创造性思维是随处可见的。

300多年前，一位奥地利医生给一个胸腔有疾的人看病，由于当时还没有发明出听诊器和X射线透视技术，医生无法发现病源，病人不治而亡，后来经尸体解剖，才知道死者的胸腔已经发炎化脓，而且胸腔内积了不少水。这位医生非常自责，决心要研究判断胸腔积水的方法，但久思不得其解。

恰巧，这位医生的父亲是个精明的卖酒商，父亲不仅能识别酒的好坏，而且不用开桶，只用手指敲敲酒桶，就能估量出桶里面酒的数量。医生在他父亲敲酒桶时得到启发,他突然想到,人的胸腔不是和酒桶有相似之处吗?父亲既然可以通过敲酒桶发出的声响判断桶里有多少酒,那么,如果人的胸腔内积了水,敲起来的声音也一定和正常人不一样。

此后,这个医生再给病人检查胸部时,就用手敲一敲,听一听;他通过对许多病人和正常人胸部的敲击比较,终于能从几个部位的敲击声中诊断出胸腔是否有病,这种诊断方法就是现在医学上所称的"叩诊法"。

到了1816年的某一天,法国男医生雷奈克给一位心脏有病的贵妇人看病时为难了。正在为难之际,他忽然想起了自己参与孩子游戏活动时的一件事情,孩子们在一根圆木的一头用针乱划,另一头用耳朵贴近圆木能听到搔刮声,而且还很清晰。在此事的启发下,他请人拿来一张纸,把纸紧紧卷成一个圆筒,一端放在妇人的心脏部位,另一端贴在自己的耳朵上,果然听到病人的心跳声,甚至比直接用耳朵贴着病人胸部听的效果更好。后来他就根据这一原理,把卷纸改成小圆木,再改成现在的橡皮管,另一头改进为贴在患者胸部能产生共鸣的小盒,就成为现在的听诊器。

这样看来,创造性思考的培养并不是很困难的事情,只要观察就会有所收获。正如前文的例子一样,在营销领域也流传着这样一个案例:一家牙膏公司曾经在市场广泛征集一个新的营销方案,要求是这个方案可以让公司的销量提升50%。据说当时有3万多个方案被征集上来,其中很多是营销专家的方案,但最终被选用的方案只有一句话:"把牙膏管口放大一倍。"更令人感兴趣的是,提出这个方案的人既不是营销专家也不是营销人员，而是这家牙膏公司的一位普通职员。

这个方案最富创意的地方就是管口放大一倍。大家想一想，一早起床挤牙膏，模模糊糊地一挤，本来只有一小段，现在管口放大一倍，本来一个月用一支牙膏，现在需要用两支，销售额自然提升了50%。怎么样？这就是创造性思考，所以创造性思考并不是一件非常困难的事情，任何人都具有这种能力，问题是要不要在日常来培养。有人问这个职员："你为什么会想到这个方案？"这位员工说："没有什么特别的，我就是每天早上起来挤牙膏时发现，在挤牙膏时其实并不关心到底挤多少，挤得越方便就越多，就是这样。"

所以，创造性思考，就是日常要做一个有心人。不能下决心培养自己爱观察、勤思考习惯的人，失去的正是人生最大的力量——创造力。

让一个人造宫殿，只需要转变观念

● 每一件工作都是流程的一部分，是一个流程的节点，它的完成必须满足整个流程的时间要求，时间是整个流程中最重要的标准之一。

很久很久以前，在一个遥远的国度，**大臣收到了王子的指令，必须要在公主来年生日之前造出一座世界上最豪华的宫殿。**

面对这个巨大的工程，大臣成竹在胸，在他心里，他认为已经知道如何实施这个工程了。他画下了一个巨大的金字塔形的建造机构并面试了每个部门负责人，又与部分负责人共同确立了其下属的岗位。为了让每个职能部门都知道自己的工作范围，他制定了金字塔中每个人的工作描述和考核制度；为了让所有成员都能安心工作，大臣甚至安排好了工作室，给每个部门相对独立的工作场所。**大臣建立了一个工作的王国，他是整个项目的负责人，安排了每个人的职能范围并给出了独立而完好的工作场所及设施。**当这一切安排都完成时，他宣布宫殿建设项目启动。

一个月过去了，两个月过去了……工地上还是不见宫殿的影子，**大臣每天忙于应付各种抱怨：**建筑负责人告诉他采购来的材料不是不齐全就是有质量问题，没有办法施工；采购部门抱怨财务预算紧张，他们无法购买优质的材料；财务部门抱怨管理成本太高，很多职能部门形同虚设等。

到底是哪里出现错误了呢？他开始将建造机构的人员减少，试图有一个突破。果然，他一直将整个建造机构的人员减至1（他得到了答案），为什么不让我一个人造宫殿呢？所有的信息和流程都在我的脑子里，我可以迅速做出判断：**我可以先调节预算，再权衡价格和质量，完成来料检验然后投入施工，一切都可以井然有序！**

这样做后他立即看到了另一番景象：**没有人来找他抱怨什么了，各个部门都按照流程工作，问题及时得到了解决**。于是，施工开始了，人员得到了精简，预算不再超支。按照预定的计划，王子美梦成真，在这座宫殿里和公主开始了幸福的生活。

看完这个故事后，**流程导向和职能导向**的区别立即显现。

怎样可以让所有成员共同实践这个"一个人造宫殿"的方法呢？聪明的大臣开始重新对这个机构布局，他打通了所有部门之间的隔墙，提供了一个敞开的工作环境。在这个环境中，每个人都可以及时找到相关的工作人员，他还取消了金字塔形的组织机构和上下级间的考核制度——最重要的是，大臣制定了工作的流程，流程的上游对下游负责，下游的内部客户考核上游的绩效。

受中国古代几千年官制的品位等级制影响，中国企业中的职能部门很大程度上秉承从古代官制沿袭下的"自利取向"，而非"服务取向"。在"自利取向"情况下，各职能部门特权膨胀，拥有更大的空间来牟取一己私利，导致效率下降。

我们看到中国的商业经济开放 40 多年来，很多企业仍沿用计划经济下的职能管理模式，但一些先锋企业却冲破重重阻力，以流程为导向，改变了这套金字塔形的层级命令控制体系。

让我们首先来理解两种管理模式所关注的不同重点。

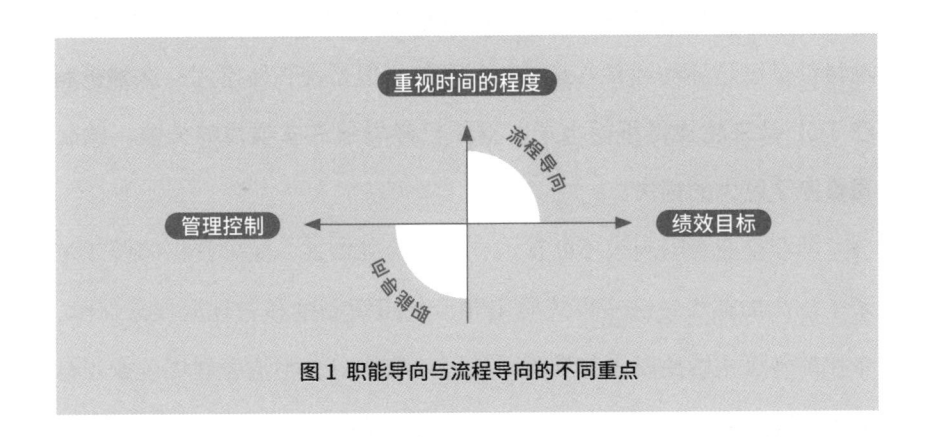

图 1 职能导向与流程导向的不同重点

职能导向侧重于职能管理和控制，关注部门的职能完成程度和垂直性的管理控制。部门之间的职能行为往往缺少完整有机的联系，它没有确定时间标准，这一最重要的工作标准一般是由该部门的主管领导临时确定的，这就大幅加重了主管领导的工作量，又由于标准不确定，整体工作效率大幅降低。

流程导向侧重的是目标和时间，即以顾客、市场需求为导向，将企业的行为视为一个总流程上的流程集合。对这个集合进行管理和控制，强调全过程的协调及目标化。每一件工作都是流程的一部分，是一个流程的节点，它的完成必须满足整个流程的时间要求，时间是整个流程中最重要的标准之一。

先锋企业 TCL 的领导者李东生对企业向更高管理模式迈进过程中

所产生的各类管理问题直言不讳，谈论他们感受到的"危机""落后"和"失败"。他曾在高层主管千人大会上做了一次有2万多字的发言。他认为过去TCL在集团管理上一直有一个突出的特点，就是对企业管理团队的充分信任和授权。因为他相信"信任和授权"是一种有效的激励，这也的确加速了TCL管理干部的成长，而TCL以往大部分的项目都是以这样的经营方式成长起来的。但是现在他感到：**这种机制在TCL越来越显得不得力了，甚至已经导致许多项目的失败，给公司带来了巨大的损失。**

随着企业经营规模不断扩大，管理跨度增加，充分授权的模式带来了巨大的损失，这一模式亟需相应的组织制度和管理流程来保障，企业的各级主管此时也非常需要适时地改变自己不适应现代企业运行的观念和习惯。

早期的企业，规模比较小，项目投资比较少，对管理的要求也不太高，充分授权的方式是比较有效的。但久而久之使得一部分企业主管控制资源的欲望增强，而主动承担责任和创造投资回报的意识与能力却日益不足。简单粗放的管理办法已无法适应市场环境的变化。

TCL管理层做出了如下决定：**集团对下属企业充分授权的同时，有必要建立起对下属企业重大经营决策是否科学合理的评判机制，建立起对下属企业经营管理关键环节的流程监控，从职能导向向流程导向转变。**

让一个人造宫殿，或许你只需要转变观念。

低迷时,你要有正确的思考能力[1]

● 任何的理解都需要经过慎思并独立做出判断,都需要经历冲突、对话与反思。

安坐在前往南极的游轮甲板上凝思间,脑海中出现在西藏哲蚌寺看到的辩经场景,寺院的四周没有草木,都是沙石荒山,寺内却有几处树木繁盛的院场,这便是哲蚌寺的辩经场。

据介绍,每个扎仓(即僧院)都有两个这样的辩经场。辩经场一般设于扎仓附近,主位有一级一级的辩经台。辩经时喇嘛依次就座,原则上,全寺喇嘛都可辩经,但在凭着足够的佛学知识而登上辩经台的人中,只有少数喇嘛能够逐级在扎仓和全院性的大辩论中获胜,最终取得最高荣誉,即"格西"学位。

西藏佛教僧侣们对于佛教经典的学习有着十分严谨的程序,宗喀巴大师及以后的历代祖师制定了完整的学经体系,需要花11年时间习完5部经典。

喇嘛们在学习经典上有独特之处,他们并不是光靠师父讲经开示

---

[1] 本文节选自作者的《让心淡然》。

或死记硬背，最主要的学习方法是在辩经场上通过辩论彼此印证、互相学习，进而达到对经论的理解和融会贯通，这就是辩经。

每个喇嘛都必须参加辩经，每个人的水平在辩论场上显露无遗。

在佛法辩论上，辩者只可答"是""不是"或"不定"三种答案之一，绝不能胡言应付过去，即使不懂藏语，观看辩经过程也让我觉悟到：**任何的理解都需要经过慎思并独立做出判断，都需要经历冲突、对话与反思。**

为了让喇嘛能更好地学习，辩经的规则约定，辩者无人数限制，立宗人多坐于地上，自立一说，待人辩驳，只可回答，不可反问；问难者称"达赛当堪"，即"试问真意者"，不断提出问题。有时一人提问，有时数人提问。被提问者无反问机会。立宗辩过程中问难者可高声怪叫，也可鼓掌助威、舞动念珠、拉袍撩衣、来回踱步，也可做用手抚拍对方身体等各种奚落对方的动作。凡当答者被问倒时，周围观看者会大声嘘，辩者要除下黄帽，直至下次辩倒问方时方能重新佩冠。

我用一个下午的时间，就安静地坐在辩经场旁观。开始时，我很为答不上来的人着急，并为他们受到的"嘲讽"难过，但是当我看到他们很安然、全神投入的状态时，我知道自己错了。**我之所以有这样的念头，一定是"我"在作怪，我并没有融入经学之中，并没有虔诚之心、敬仰之心。**辩经所设定的规则和仪式，所渗透出来的纯粹，让学习必须成为个人最真切的认知，来不得半点含糊或者虚假，"是"与"不是"只在一念之间，需要最单纯的反应、最明确的判断。

那个下午，我理解并相信，**外在的行为与形式得以规范和明确的**

话，内在的认知和自我约束就能够得到确认和沉淀。

身为大学教师的我，很想在自己的课堂引入辩经的场景，很想带着学生置身于哲蚌寺的辩经场，置身于这承受提问、各种奚落，被人高声嘘、除下佩冠的空间，唤醒学生内在沉寂已久的力量，用高昂的斗志、智慧的思考、缜密的逻辑赢得尊敬和敬仰。**我希望看到这样的学生，不是因为他的出身，不是因为他天性上的优越，不是因为他聪明，更不是因为他具有什么样的地位和财富，而是因为他深刻地反思、透彻地理解问题，因为他由心而出的答案、明确而坚定的信仰。当他重新佩冠之时，才会呈现出智慧之光。**

我也常常喜欢与那些成功的企业为伍，因为它们不受环境的影响，不为外界所迷惑。为什么在相同的环境里，总有人获得超越环境的成就？**特别是在低迷时，大部分人都很难获得成效，但是总有一些人可以取得好的结果，他们经过思考之后做出自己独特的判断，他们能够了解到低谷之后波峰来临的时机，做出正确判断，其核心是具有正确的思考能力，而不受环境和周边信息的干扰。**

当我和取得成效的人聊天时，他们的答案很简单，"只要仔细想想为什么会出现下跌，就知道什么时候可以获得机会了"。换句话说，**成功与无法成功，最大的差别就是有没有思考"为什么"的能力**。在生活和发展中，要想获得进步，必须将既有的思考路径转换到新的思考方式上来，而悲哀的是很多人连思考的时间和思考的愿望都缺失。

另一个与思考相关的问题是，现象与本质原因如何区分。纷繁的现实扰乱了人们的思考，大家所关注的往往是现象而非本质。看到绩效低落就归结为员工士气不振，产品不畅销就归结为价格不当，生活环境被污染就归结为经济发展所致，理想无法达成就归结为自己运气差——然而所有的归因都是现象而非本质原因。

这些其实都不是原因，而是现象或者说是结果。在许多个案中，真正的原因只是其中的一个，其他都只是这个原因导致的现象，不找出真正的原因，就无法奢谈能够解决问题。

绩效低落的根本原因也许是产品竞争力不足；产品不畅销也许是因为无法给顾客提供真正的价值；生活环境被污染或许是因为社会责任与商业信仰的缺失；理想无法达成也许是因为自己努力不够或者对自己的认识不足。

这一切都需要人们去认真思考，去寻找现象背后的真正原因，否则会被所谓的"原因"误导。

更糟糕的是，人们试图改善所有的现象，既想激励员工的士气，又想提升产品质量，还想降低价格，这些努力之后的结果是绩效更低，员工士气更低落，顾客并没有获得相应的价值。

在本质原因不明的情况下，企图改善各种现象而获得成功，无疑是一场空忙。**如何找到本质的原因，这是思考的魅力。在任何情况下，认真思考、探寻本质都是重要而必要的。**这就需要我们学会苏格拉底反问的方式，借用辩经的方式，在对话与反思中，获得对事物本质的认知；在自我启发中获得自己内在的认知，依靠自己的判断力而非外界的影响。

这让我想起佛法所说的"五蕴"。

蕴，是积聚的意思，佛教认为众生是由色、受、想、行、识五大类元素所积聚而成，其中色蕴是指物质；受蕴是指面对境界时内心的感受；想蕴是指心面对外界所设立的概念；行蕴是指心思审虑、决断后做出行为；识蕴是意识，指识别的能力。众生即是由五蕴所组成。"五蕴炽盛苦"是八苦之一，色、受、想、行、识任何一蕴过度膨胀，都会使身心躁动不安。《心经》说"照见五蕴皆空，度一切苦厄"，就是要我们看清五蕴合成的"我"，**本质是空性的，若能如是照见五蕴皆空，就能放下执着，终能度尽一切苦厄。**

只是我们很少安静地反观自己，也就无法"照见五蕴"。

大部分情况下，我们都被日常工作和生活塞得满满的，同时也被烦恼和焦躁填得满满的，有时欲望也挤了进来，让本就无法喘息的内心更加拥挤、痛苦不堪。这一切都是自己内在的五蕴，并不是外界所强加给我们的，然而我们却无法反思、观照自己，以为这一切都是外部环境或外因所造成的。

我更加想念哲蚌寺的辩经场了，借由辩经的启示，可以拥有全新的生命理解，也因此获得内在的愉悦与安静。

当反观内心,我们就已拥有了一切

● 生气勃勃地投入生活,痛快淋漓地享受生命,自信从容地守护信仰。

雅典的 Agora 在苏格拉底过世后不久便被废弃,公共生活随之消失,这个曾经的雅典城邦心脏,这个曾经的雅典城邦政治、商业、行政管理、社会集会、宗教与文化中心,这个曾经的公民法庭所在地,随着苏格拉底的消失而消失。

这不是一个市集的消失,是一种公共生活的消失,一种能让所有人觉得他们正在合力追求而每一个个人所不可能达到的更高境界的公共生活。

我读到那些睿智的对话,似乎自己也身处古城邦廊柱大理石的台基上,与公元前 5 世纪的苏格拉底、他的朋友、相识者和论敌们聚会、展开哲学思辨。

这样的市集在哪里呢?关于德、关于善、关于正义与虔心,我渴望听到这些对话,听到人们寻求精神境界的争辩,而不是整日陷入利益的纷争、财富的获取之中。**人们不再关注德与善的询问,也不再争辩**,我多么愿意听到这样的争辩,我问自己,这个属于我的"Agora"

到底在哪里呢？

幸运的是西藏哲蚌寺的辩经场还在。每天下午，哲蚌寺里的学僧还是聚集到辩经场，两人一组或多人一组，一人站着发问，一人坐着应答。提问人常常击掌发问，坐着的僧人要接受诘问，并引经据典解答疑问。彼此之间依然是针锋相对、耳红面赤，这一切完好地延续着，让人心安。

也许是因为有 4000 多人（2600 位客人、1500 位工作人员）聚集在这艘游轮上，自己一下子进入"雅典的 Agora"与西藏的哲蚌寺，进入辩论与对话的世界。也知道多日之后，这 4000 多人会离开游轮，回到各自不同的生活，大家因为南极聚集在一起，又因生活而分散，这聚集与离散，不正是五蕴的生与灭吗？如何观照自己，因何聚，因何散？唯有自己可以知晓了。

眼光从书本移开，举目望向甲板上的人群，映入眼帘的是温暖和舒适，不是对话与辩论，我为自己在这个时点、这样的情景中想到"辩论"而惊讶，我真的停留在"Agora"或者辩经场上而不是甲板上？停留在觉察外境而不是观照内心中？

船上那些在第一天让我放弃探险之旅念头的老年客人，他们白发苍苍却自信安然，步履缓慢却又踏实有力，清晰而又明快的生活观念宁静自然地在空气中传递，让人很容易也跟着明快起来。我的目光夹在这种自然的生活状态中，仿佛大洋的海水都漂浮着和善的粼光。这个甲板没有对话与辩论，却有交流与互动。在登船之前，特别担心整整 17 天的海上漂流该如何寂寞地度过，想象着无际的大洋、毫不相识的人、不畅通的语言，是否会使去南极的欲望堕入绝望。然而此时，这个场所是明快与自信的聚集之地，看到刻着阅历的面容是如此美丽，相信发生在自己身上的任何事情都将是美好的印记。

无疑，这自然而然的气息有着足够的力量去振奋一个人的精神，夹着空气、夹着阳光、夹着浩渺无际的水面，让你的灵魂飞升，它们激发你去想象作为一个人有些什么新的可能性。**这自然而然的气息让我在内心进行着苏格拉底似的对话，何谓善？何谓德？何谓虔心？甲板上传递的明快气息已经有了答案。**

虽然距离苏格拉底亲身践履的那种质疑方式太遥远，如今苏格拉底甚至变成了文字与书本；我们也完全没想过要再实践苏格拉底身体力行的那种慎思明辨的生活，但是在去南极的甲板上，我竟然有了一个属于我自己的"Agora"，有了一个属于自己的"辩经场"，不再担心航行是否毫无意义，不用担心时间的流逝是否毫无价值。怀抱着"发掘生命更崇高的意义"的动机去质疑既存的信念；饱满的想象力驱使着前行的步伐，继而追索生命更崇高的意义，以求使自身更为平和与安然，这个过程本身也激励着自己所处的环境，使之亦更趋于完美。

一段文字自然而然地呈现出来：

有一次，**柏拉图问苏格拉底**：什么是幸福？

苏格拉底说：我请你穿越这片田野，去摘一朵最美丽的花，但是有个规则：你不能走回头路，而且你只能摘一次。

于是柏拉图去做了。许久之后，他捧着一朵比较美丽的花回来了。

苏格拉底问他：这就是最美丽的花了？

柏拉图说道： 当我穿越田野时，我看到了这朵美丽的花，我就摘下了它，并认定了它是最美丽的，而且，当我后来又看见很多很美丽的花时，我依然坚持着我这朵最美的信念而不动摇。所以我把最美丽的花摘来了。

这时，**苏格拉底意味深长地说：** 这，就是幸福。

又有一天，柏拉图问老师苏格拉底： 什么是生活？

苏格拉底叫他到树林走一次。可以来回走。在途中要取一枝最好看的花。

柏拉图有了以前的教训，又充满信心地出去了。过了三天三夜，他也没有回来。

苏格拉底只好走进树林里去找他，最后发现柏拉图已在树林里安营扎寨。

苏格拉底问他： 你找着最好看的花了吗？

柏拉图指着边上的一朵花说： 这不就是最好看的花吗？

苏格拉底问： 为什么不把它带出去呢？

柏拉图回答老师： 如果我把它摘下来，它马上就会枯萎。即使我不摘它，它也迟早会枯萎。所以我就在它还盛开时，住在它边上。等它凋谢时，再找下一朵。这已经是我找着的第二朵最好看的花了。

这时，**苏格拉底告诉他：** 你已经懂得生活的真谛了！

一位西藏活佛说："我们见到的世界只是内心的反映；在心情开朗时，见到的人都友善亲切；在心情烦躁时，碰上的人仿佛都面目可憎。"甲板上的老人该是理解生活真谛的最好例子，他们与游轮、大洋、天际融为一体，无论是携手散步的夫妇，还是倾心交谈的朋友、围坐打牌的伙伴；无论是斟酒小酌的温馨、翩翩起舞的优美，还是阅读思考的安静，他们专注、自然、不旁顾、不做作的神态，既保持了独立，又包容了一切。

他们合力创建了一个开放、和谐而又安定的空间，在其中，每个人都将其人性之光发挥到极致。他们有一种自私与无私的完美混合，懂得生活需要取舍，懂得确信拥有才是幸福，这样的取舍和坚守，使其内心净化到更高的境界，从而也创造了一个更高境界的环境。我喜欢这样有着苏格拉底气息的氛围，喜欢看见这样的人生——**生气勃勃地投入生活，痛快淋漓地享受生命，自信从容地守护信仰。**

人们常常想去寻找生活的意义，其实它一直都在，从不需要你去寻觅。当你从为私欲而劳作终日的忙碌中安静下来时，就会感受到它的存在。

船上的乘客抱着不同的目的登船，最终的目的地也迥异，但在此时，同乘一条船的缘分，把大家联系在一起，并由此而生出一个全新的"部落"。此时此地，是我遇到的最好的地方，存在差异的人群给我不同的认识，变幻的天气给我连续不断的惊喜，个性彰显的生活习惯给我观察的机会。如果不是这样漫长而又安静的航程，我绝对不会无所事事地坐在这里，把一切都放下，专心致志地满足自己的好奇心。**看来任何事情，只要我们愿意都可以发掘出美好来，重要的不是事物本身，而是它在你心头产生的影响和想象。**

每一件事在与我们相遇时，都可以熠熠生辉，既是偶然也是必然，如果愿意珍惜每个机缘，生活之美就会彰显出来。人拥有自己，拥有想象，就会富足和幸福。我们可以借助于自己的感官，触动外界带来的一切变化；可以借助于想象，把未知转化成可感知，让存在富有诗意，让观想变成象征。我试着理解苏格拉底的对话，感悟柏拉图的理想国，体会亚里士多德的三段论，围绕在我身边的空间愈发丰富起来。**人的天赋中就有想象的秉性，在任何时间、任何地点，只要启动你的想象，思考的价值就能够提高并抚慰人生；沉静的价值就能够拓宽并丰富人生。**我们拥有细腻的情感、温和的性情、宽广的胸怀，特立而独行。这一切既可以让我们保持个性，又可以让我们安于变化。

是的，反观内心，我们就已拥有了一切。

安坐在甲板上，掩上手中的书籍，单纯地望着老人相互陪伴的样子，这片甲板是那样令人愉悦。而此时，所有的光线都呈现出碧蓝的清明，每个人天性中所蕴含的德与善荡漾开来，和着船体轻柔的晃动，幸福也随之晕染开来。

在平日繁杂而又焦躁的生活中无法获得灵性的增长，现实功利的信念使得纯净心灵的慰藉全部落空。钱穆曾说："若使其人终身囿于物质生活中，没有启示透发其爱美的求知的内心深处。一种无底止的向前追求，则实是人生的一最大缺陷而无可补偿。人生只有在心灵中进展，绝不仅在物质上涂饰。"倘若我没有这样一个下午，从苏格拉底的对话和反问中体会到何为善、何为德、何为幸福与生活；倘若我没有这样一个下午，从甲板上闲适的老人体态中体会到安然而愉悦的气息，那么生活对我又有何意义呢？

人在人群中可以理解到生存的意义与价值，在人与人的交往中获得生活；在别人身上发现自己，同时又将自己寄放在别人身上；若是

没有对于人群的理解、对于别人的体会，我们又怎可理解生活呢？

生命有许多苦难与无奈，尽管外部环境不为我们所控制，各种各样的事物在我们身边飞逝，世事茫茫，但**若能够时时提醒自己，如实地活在当下**，不驻足于时光流逝和伤感；适时面对困厄，挥别心中的愁绪；"照见五蕴皆空"，"远离颠倒梦想"，就能超越一些生命中的困境，就如面对死亡的苏格拉底、承受落冠之痛的学僧。庆幸在登船的第一天，竟然收获到属于自己的"雅典的Agora"，拥有了存于内心的"辩经场"。

最重要的时间就是现在

● 只有一个最重要的时间,那就是现在。当下是我们唯一能够支配的时间。最重要的人总是当下与你在一起的人,就在你面前的那个人。

因为华南理工的博士生答辩,我提前离开戈壁赛道赶往广州。先从敦煌出发去瓜州,赶去看瓜州图书馆,北大国发院 BiMBA 商学院的戈友们(参加玄奘之路商学院戈壁挑战赛的 EMBA 学员,赛事简称戈赛,参赛者简称戈友)为瓜州图书馆做了捐赠,县长和馆长非常希望我们去看看,雪亚、大鹏、小智也一起去参观新图书馆。

图书馆坐落在瓜州城市活动中心广场旁,虽然书架、书籍还未摆好,但是可以想象得出人们来到这里阅读的美好场景。雪亚告诉我,她还打算亲自为图书馆设计 Logo,戈十二(第十二届戈赛)的同学打算在去年捐赠的基础上继续募捐一批书寄过来。我们的同学实在是太好了,在这个被命名为"朗润瓜州图书馆"的地方,让我感受到美好与温馨。

离开瓜州图书馆,大鹏安排车送我去嘉峪关机场,车子驶出瓜州上高速,在几个小时的车程中,回想戈壁挑战赛,让我想起托尔斯泰写的一个小故事，一个关于一位皇帝的三个问题的小故事。

很久以前的某一天，有一个皇帝遇到了很特别的一件事情——在这里，有三个问题，只要他知晓三个问题的答案，就会永远远离任何麻烦：

做每一件事情的最好时间是什么时候？

与你一起共事的最重要的人应该是谁？

什么时间要做的最重要的事情是什么？

皇帝命令手下在全国张榜宣告说，如果能够回答这三个问题，无论他是谁，都会得到重赏。一时间，很多人都来读这个榜文，而且每一个人都怀揣着自己认为最正确、最聪明的答案，动身去皇宫。

关于第一个问题的答案，一个人建议皇帝制订一个时间表，规划好每一小时、每一天、每一月、每一年应该做的工作，然后严格地按照这份时间表去执行。只有遵循这样严格的计划，他才可能在合适的时间做好该做的事情。

这个人还没有说完，另外一个人就迫不及待地说：计划没有变化快！皇帝应该更加自律，关注自己作为皇帝应该关注的每一件事情，这样才能知道自己应该怎么应对。

其他一些人说，任何一个人都不可能永远具备先见之明，皇帝也是一样的。最重要的是：皇帝应该建立起一个智囊团，把全国最聪明、最有智慧的人都聚在一起，出主意，想办法，然后根据智囊团的建议来做事情。

关于第二个问题和第三个问题的答案，同样是莫衷一是，五花八门。皇帝对这些答案通通不满意，也没有给予任何人奖赏。皇帝本人更是苦思冥想好几个通宵，都没有思考明白。

皇帝听说，在一座山顶，住着一位修行的高人，这个人很早就开悟了，所以隐居于此。据说这位高人只接待贫穷的人，但皇帝还是执意去请教这三个问题。

就这样，皇帝乔装打扮成一个农民，让侍从在山脚下等他，他一个人独自登山去寻找那位高人。

当皇帝找到这位高人的时候，他正在自己茅草屋前的花园里挖地。高人看到这位陌生人的时候，只是点点头以示招呼，然后继续挖地。挖地对这个年龄的老人来说，显然很吃力。

皇帝一边走近老人，一边很诚恳地说出自己来这里就是要请教这三个问题的答案。老人听完问题，没有回答他，而是拍拍他的肩膀，继续挖地。皇帝看到老人吃力地挖地，于心不忍，就对老人说："您挖累了，我来接着挖吧！"高人把锹递给皇帝，他自己坐下来休息。

挖了几个小时地后，皇帝依旧挂记着问高人三个问题的答案，高人依然没有给出答案，反而问皇帝："你听见有人在那边跑来跑去吗？"皇帝回头一看，才发现有一个人从树林里跑了出来，手捂着流血的伤口，拼命地向皇帝的方向跑来，中途却因为流血过多失去知觉，倒在地上。

皇帝和高人把这个人的衣服解开，发现这个人受了很重的伤。皇帝帮受伤的人彻底清洗了伤口，脱下自己的衣服包扎受伤的人的伤口，直至伤口不再流血。

受伤的人醒来后要喝水。皇帝又到溪水边打水回来，给受伤的人喝。天黑了，皇帝和高人把受伤的人抬进茅草屋，让他安静休息。当第二天太阳在山顶升起来的时候，那个受伤的人清醒了。当他看见皇帝的时候，非常吃惊，然后用微弱的声音说："请原谅。"

皇帝听到他的话很惊讶。伤者告诉皇帝，原来皇帝是他不共戴天的仇人。皇帝曾经杀了他的兄弟，抢了他家的财产。所以，他一直在寻找机会报仇雪恨。探听到皇帝来此山寻找高人解答问题，伤者就在山下等他，想在皇帝回去的路上出其不意杀了皇帝。但是，他左等右等都不见皇帝下山，就决定自己上山。只是侍从认出了他，将其砍伤。但很幸运，他逃脱出来，却被皇帝无意间救了下来。他很惭愧。皇帝救了他的命，他发誓要用余生做皇帝的仆人，并且也会命令自己的子孙这样做。

皇帝喜出望外，没想到就这样与一位宿敌和好了。皇帝不但原谅了他，还退还了他的财产，派自己的御医去照顾这个人，直到他康复。

皇帝依旧问高人三个问题的答案，他发现高人正在他们挖的地里播种。高人告诉他："你的问题已经得到解答了。"皇帝依旧不解。

高人说："当时，如果你不是因为我年老，同情我，怜悯我，帮我挖地的话，你肯定会在回去的路上遭到那个人的袭击。因此，最重要的时间是你在花园里挖地的时间，最重要的人是我，最重要的事情是帮助我。

"接下来，当那个受伤的人跑到这儿来的时候，最重要的时间是你帮他包扎伤口的时间，因为如果没有你救他，他肯定会死，你就失去了与他和解的机会。这时，他是最重要的人，最重要的事情是你处理了他的伤口。

"记住，只有一个最重要的时间，那就是现在。当下是我们唯一能够支配的时间。最重要的人总是当下与你在一起的人，就在你面前的那个人，因为谁也不知道，将来你还会与其他什么人发生联系。最重要的事情是使你身边的那个人和自己快乐，因为只有这个才是生活的追求。"

托尔斯泰写的这个故事令我念念不忘。在离开戈壁的途中，它又从脑海中浮现了出来。我很幸运，在戈壁上感受每一个重要的时间，拥有最重要的人，知道在做的最重要的事情是什么。我们彼此关照，从启动日的每一次拉练、每一次辅导、每一次交流开始，都是最重要的时间。我们彼此守护，每一个搀扶、每一个笑容、每一声鼓励，表明你我都是彼此最重要的人。我们彼此牵引，每一个拉伸、每一个提醒、每一个动作，都是最重要的事情。

我们为着彼此，更是为着自己；我们传递着能量，更是拥有了彼此的能量；我们使身旁的人快乐，也拥有了自己的快乐；我们鼓励他人，同样拥有了对自我的驱动力。

这样想着，让我很安然地飞往广州，也把这段心情记录了下来：

大漠听歌

空漠骄阳下，锁阳尘风流。

猎旗旷野飘，豪情步履赳。

孤烟归苍穹，呼吸见自性。

随意浮躁却，澄明自在留。

自我认知的三个障碍

● 我们最大的悲剧不是任何毁灭性的灾难,而是从未意识到自身巨大的潜力和信仰。

为什么在今天"认识自己"是一件如此重要的事情,我觉得很大的原因是我们进入了一个巨变的时代。巨变时代的核心是什么呢?就**是你面对未来,怎样去做你个人的设计,怎样去选择你自己的方向**。我想这可能是今天每个人都需要做出的最根本的准备。

我一直是做组织管理研究的,最近五年的一系列研究都在回答组织如何面对未来的问题。同样的问题,个体也需要回答。如何面对未来的问题,只能你自己寻找答案。也就是说,你自己如何做准备去迎接未来的到来。

如果自己要去做准备,一定要了解自我认知的一些障碍。我觉得一个人没能做好准备的很大原因,不是你的能力不足,不是你的潜力不够,而是你的自我认知有障碍。

自我认知的障碍,在我看来有三个:

容易太过自我是人自我认知的第一个障碍。这样的人在面对别人或者面对外部世界时,没有办法把自己的位置摆正,进而就没有办法真正面对自己。只要上赛道你就会知道，一旦你不能把你心中的那个"我"拿掉，你可能真的就无法完成赛事。**能完成赛事的人，一定是忘了"我"、突破了自己极限的人**；无法完成赛事的人，很大的原因都是太过在意"我"的感受，这是一个认知的障碍。

第二个障碍是什么？是我们**太过相信自己的认知**。现实生活中，每个人都在依照自己信仰的真理判断外界、进行选择。我们所信仰的，我们认为就是真理。可是有一个事实我希望大家知道，那就是，**你信仰的真理和真理之间是有差距的**，这是一个认知上的根本性差距。很多时候我们对自己的经验、知识以及所储备的东西都太过相信。但是我今天也很想告诉大家，我们必须接受一个事实，就是我们信仰的真理和真理之间确实是有差距的，而这恰恰是妨碍认知自我的又一个障碍。

经验是第三个障碍。即使第三次上赛道，我也告诉自己："**你面对的一定是新情况。**"哲人说，人不可能两次踏进同一条河流，因为一切都在变。变化带来的结果是什么？就是**你自己一定要跟着变**。可惜的是，在现实中，事物在变，我们的经验没有变。事物在改变而你的经验不变时，你的经验会成为绊脚石。

这三个最重要的、影响你认知的障碍会带来一个结果，这个结果非常可怕，那就是，你本来的潜力是非常大的，可是因为有这些东西——你的习惯、态度、观念、愿望的牵绊，你所取得的结果反而是非常小的。

所以很多时候，真正难的地方，不是我们没有这个能力，人们在潜力上，我不认为差异会太大，可是不同人最终的结果为什么会差异如此巨大？很大的原因就是中间经过习惯、态度、观念和愿望的影响，而这些东西恰恰是我们自己造成的。你大大的潜力经过了一个"你"，最后变成了一个很小的结果。

所以有人问我，一个人的潜力与结果到底是什么关系？我从来不敢直接回答是正相关。我不能回答的原因就是那中间放了一个"你"。我能回答的就是：你决定你的结果，不是我对你的判断决定你的结果。我不能回答你的潜力会不会让你有结果。

我们最大的悲剧不是任何毁灭性的灾难，而是从未意识到自身巨大的潜力和信仰。

我觉得这个才是我们每个人都要特别关注的部分。如果我们不能理解我们的潜力，不能理解自己真正信仰的东西，即使外部风调雨顺，即使给你最好的基础，即使给你最好的机会，你最终可能都不会成功。

有很多人说"我命不好""我运气不好""我的机会不足"……其实这些都没关系。事实上当你自己有强大的能力来对待自己时，当你对很多东西的认知融入环境时，你就会发现，所有的外部条件并不会影响到你的个人成长。

那么我们要怎么改变呢？你们可能知道我的答案，这个答案就是：走上戈壁赛道。

我们可以有很多的角度来检验自己，比如说你来北大国发院朗润园学习、你去创业或者承担新的责任。可是戈壁挑战赛的赛道确实是一个很特殊的能让你认识你自己的场景。如果你真的想知道"自我认知"的那个度有多大，如果你真的想知道你的潜力与结果中间那个"你"到底有多大，我倒是觉得，像刚从亚沙赛（亚太地区商学院沙漠挑战赛）上回来的同学一样，你只要上了这个赛道，就会让你认知到你自己。

你是否杀了自己的马？

● 莎士比亚把自我克制定义为人类与纯粹动物的根本区别之所在，事实上，不能自我控制的人，就不会成为真正意义上的人。

有这样一个故事，传说中，有一位英俊潇洒又勇猛的将军。他在年轻的时候，特别喜欢夜夜欢宴聚会。每一次聚会，他都同身边女性调笑，喝得酩酊大醉，每一次都尽兴而归。一天天过去了，他的武艺也荒废了。

有一天，他的母亲忍无可忍，教训了他，责怪他这样虚度光阴，像一个花花公子，终将一事无成。母亲的铮铮之言，让他幡然醒悟。他对母亲许下承诺，以后要好好锻炼身体，训练自己，立志成为一个有用的人、一个品行端正的人。

一天黄昏，在训练了一天后，疲乏劳累中将军不知不觉在马背上睡着了。等他醒来，发现马把他带到了他以往游乐的地方。

将军仔细打量自己的爱马——这匹马从小到大都陪着他，除了家人以外，马是他的至爱。但是，将军挥泪杀了自己的马。

因为马让他失信，因为马让他去了不该去的地方。

你是否杀了自己的马？

改变自己无疑是非常痛苦的事情，可是**如果一个人任由自己的激情由冲动、任性支配，那么，从那一刻起，你就完全放弃了自己的自由，就会成为欲望的奴隶，就会随波逐流。**

莎士比亚把自我克制定义为人类与纯粹动物的根本区别之所在，事实上，**不能自我控制的人，就不会成为真正意义上的人。**

习惯往往决定一个人的品质，根据意志力的强弱，习惯可能让一个人成为优秀的人，也可能让一个人成为失败者。一方面我们也许会成为习惯的快乐的主人；另一方面我们也许会成为习惯的悲哀的奴仆。习惯可以让我们走向辉煌的成功，也可能会让我们走向毁灭的深渊，关键是看我们形成了什么样的习惯。

如果你能够不断地审视自己，不断地自我克制，那么，在严格的自律、自尊和自制面前，一切堕落的、不良的欲望都能够得到有效的控制，你就会日渐成为一个纯洁、高尚、懂得自我节制的人。

华盛顿，因其庄严、勇敢、清白和优秀的人格而在历史上极负盛名，他对自我情感的克制能力，即使是在最困难和最危险的时刻，也是如此之强大，以至那些不大了解他的人都有这种清晰的印象：他似乎天生就是一个心平气和、镇定自若的人。

实际华盛顿却是一个急性子的人，他的温和、文雅、礼貌以及处处为他人着想的品质都是他严格自我控制和严格自律的结果。他的这种自我控制和自律的训练在他还是一个孩子时就开始了。

华盛顿的传记作家这样评价他："他热情奔放、极富激情，在他所经历的许多充满诱惑和激动人心的时刻，是他不懈的坚持和自我控制的努力，使他最终抵制住诱惑，克制住激情。"

传记作家还说："他的激情如此强烈，以至于有时这种强烈的激情能猛烈地爆发出来，但是，他能在瞬间克制住这种强烈的激情。也许自我控制是他最优秀的性格特征。"

在很大程度上，人生是我们自己写就的。充满理想、愿意付出的人拥有实现理想的人生；快乐开朗的人拥有快乐幸福的人生；犹豫徘徊的人拥有抑郁忧愁的人生。

我们常常发现，我们的性情往往能够折射出我们生活周围的真实情况。如果我们自己是喜欢发牢骚的人，我们通常会发觉别人也常常爱发牢骚；如果我们自己是喜欢快乐、互相帮助的人，我们通常发现别人也是快乐的、能够互相帮助的人；如果我们常常怀疑自己、不原谅别人，那么我们会发现周围的人都是抱有怀疑态度生活的人。

人都是在用自己的眼光、标准、价值取向来做辨别和判断的，如果我们不能自我克制，不能清楚自己的问题，那么多数情况下受到伤害的还是我们自己。

对于我们自己，如果不能时时面对、不断反省，我们也无法让自己站在一个更高的高度。变革是痛苦的，无论一场变革能为你带来多大的好处，它都会使你失去一些古老的、你所熟悉的、让你感到舒服的东西。

毕竟，旧习惯的根除并不那么容易。

敢问，你是否已经杀了你自己的马？

共生、价值、成长，未来成长的三个关键词

● 这三个关键词，就是我们要前往的球滑向的地方，而不是球当下所在的方向，这样才能使我们重新走到领先的位置上。

我们要讨论共生这个话题，是源于当我们讨论整个经济发展时，我们必须关注它的价值和成长从哪里来。这个起步的地方，跟以往的经济形势完全不一样。我在 2012 年互联网技术开始之后，用 6 年的时间研究中国及全球领先的商业模式的共性特征。2018 年，我用一本书将这个共性特征描述出来，这本书就叫《共生：未来企业组织进化路径》。

▶ 01 今天拥有比以往更多的机会

2012 年互联网技术出现之后，大量的中国传统企业遇到了巨大的冲击，陷入集体焦虑；甚至曾经领先的企业，也开始遇到不再增长的困惑。2013 年，我不得不接受邀请，重回企业操盘。我必须回答在行业不再增长的情况下，企业到底能不能增长的问题。这是 2012 年开始我们遇到的共同话题。

到了 2018 年，我们更多的人遇到的挑战，其实是在全球化进程当中共同遇到的问题。就是在中美之间以及中国跟世界格局之间，我们能不能找到一个持续增长的环境，以帮助中国经济进一步地发展。

从 2012 年到 2018 年，宏观环境最大的特征是什么？就是技术、全球所有政策的发展带来的不确定性，变成它最重要的一个挑战。所以我在 2016 到 2018 年不断地被问："陈老师，你怎么预估这个宏观的环境，我们到底还有没有机会？"

当我不断被提问时，我才发现，其实我们所有人可能都陷入了一个难题：我们该怎么理解我们所处的环境？我在 2019 年 4 月份参加《中国企业家》年会时，我们的主题是：如何穿越周期，找到一条新路。我想这大概是所有人共同的话题。**我们如果不能真正去理解环境本身带来的价值，就没有办法找到真正价值增长的机会。**

那我就和大家讨论一下我怎么去看这个环境。

1. 所有的东西都在不断升级

如果所有的东西都在迭代升级，就意味着其实我们在所有的领域、所有的行业，都有机会获得新的发展空间。

很多人都希望去做一个基于社交的通信方式，但是为什么只有微信被我们认同并长期使用？

微信现在的用户数已经超过 10 亿，它之所以有这样的能力，是因为它不断地升级自己。甚至你还没有想到的一些需求，它已经提前帮你解决掉。正因为这样，你会发现微信带来无限扩充的可能和机会。

我们今天看到几乎所有的行业都用了一个词，叫"重新定义"。**当我们重新定义行业时，我们可能就会看到它的新机会到底在哪里。**

前一阵我去贵州贵阳调研，我其实是非常感慨的。我们所有人可能都没有想到，贵州这个地方会成为中国数字经济的一个集合地。但是它确实把这个省的发展模式和产业经济做了重新定义。当贵州在自然旅游资源大省的基础上，把自己定义为中国数字经济的启动大省时，大家可以想象，它未来的空间意味着什么。

所以，当你把产品和服务完全融合时，我们所能理解的空间是完全改变的。

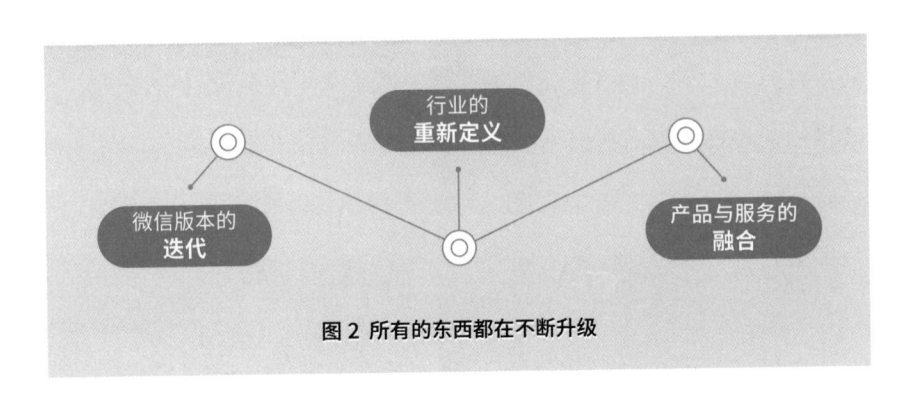

图 2 所有的东西都在不断升级

2. 一切都正在转化为数据

看"春暖花开"的朋友会知道，我在 2018 年年底时告诉各位我怎么看 2019 年。当时我用了四个关键词，其中一个就叫作数据即洞察。

2019 年真的就是一个我们称之为分水岭的年份。这个分水岭之后，数据变成了我们整个生产力要素中的一个要素。

当我们拥有一个数据生产力要素时，我们所有的行业的内涵，其实都被重新调整了。这个调整意味着**我们在两个方向上可以得到机会，一个方向是模式创新，另一个方向是效率提升。**

每年的"双十一"并不是一个真正存在的节日。可就在这一天，阿里巴巴以它自己的技术和数据，支撑了一件让世界都震惊的事情，让那一天的销售额可以超过2000亿人民币。"双十一"意味着一个商业模式的创新。

这种商业模式的创新，完全是你可以创造出来的，条件就是技术跟数据的关联。你只要效率比别人高，我相信你的创新就会更多。

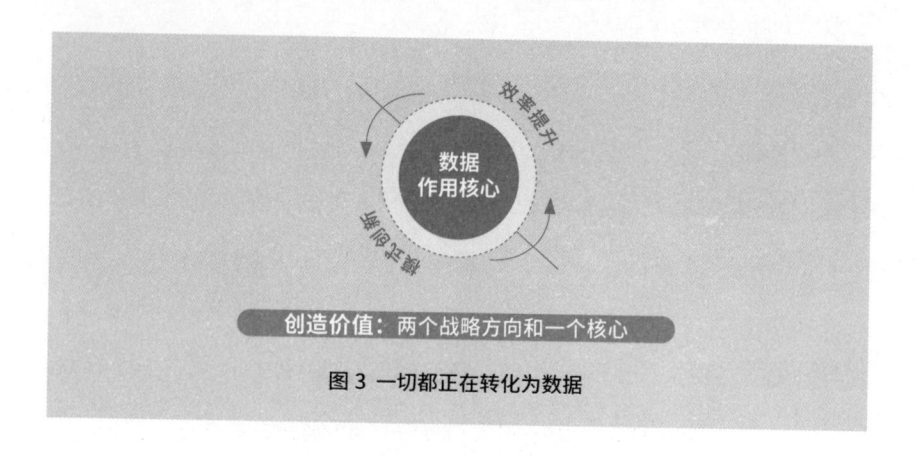

图3 一切都正在转化为数据

3. 大多数的创新都是现有事物的重组

创新并没有我们想象的那么难。

我记得第一次看到iPhone、第一次看到iPad、第一次拿到iPod时，我被它们非常漂亮的设计所感动。其实，那只是一个手机，只是一个电脑，只是一个音乐播放器，是现在所有事物的重新组合而已。

但是所有人都知道，iPhone、iPad、iPod 的出现，转换了一个全新的产业方向。这个产业方向我们称之为智能通信。

除了苹果，还有支付宝、滴滴、特斯拉、微信，这些企业其实都没有做全新的东西。它们只是把现有的东西做重组，但是它们已经成为世界颇有影响力的公司。

图 4　大多数的创新都是现有事物的重组

4. 深度互动与深度学习

深度互动与深度学习，其实已经渗透到所有的领域中。而它所带来的美好的帮助，我们可能真正感受之后就会理解。

我这两天就被一个手机上的功能给唤醒了一次。

一个 9 岁的孩子告诉我手机有个功能，就是在手机界面上有个小麦克风，你按它一下然后说话，说完后就会转换成文字，之后你就可以使用微信发送。

这个功能意味着手机可以帮助我 80 多岁的妈妈很顺利地跟我做交流。我是一个时间很紧的人，听语音留言对我来讲是非常浪费时间的，所以我喜欢看文字信息。

但是我妈妈不会敲字，我必须接受她的语音留言。妈妈为了不打扰我，尽量几秒钟说完，我就觉得很对不起她。我昨天晚上回去教她这个功能，她很高兴，她说她想讲多久就讲多久。我说对，因为全部是文字了。

这就叫深度学习与深度互动。当它能够让 80 多岁的人都可以便利使用我们的手机时，大家可以想见，生活会有什么样的变化。这就是我让大家理解这些商业模式跟你的关系的原因。

我们很多人不理解拼多多为什么可以如此高速增长。大家认为它是降维，它的东西太便宜，我认为大家都理解得不对。

拼多多有一个做得非常好的地方，就是让妈妈级的人在手机上买东西。而以我们以前的商业逻辑，电商和线上消费是不面向这一类人的，因为我们认为他们不会使用手机购物。但是拼多多解决了这个难题，就使得这家企业以极高的速度提升市值，在很短的时间内成为全球领先的公司之一。

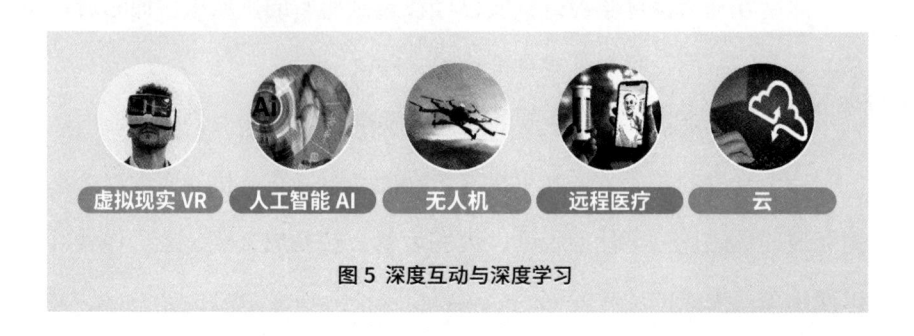

图 5 深度互动与深度学习

5. 核心不是分享，而是协同

在今天非常重要的是，我们不仅要做分享，还要真正去做协同。无论是在全国还是全球经济的协同当中，如果我们没有能力去纳入更广泛的协同和更大规模的合作，也许我们会失去未来的机会。

今天有很多人关心区块链，区块链技术最大的一个效率，是来源于它用分布式的交易形成大规模的协同。如果分布式的交易可以形成大规模协同，它带来的效率和解决方案会超乎我们的想象。

香港有 20 多万菲佣，以往这些人最大的难题就是他们的收入如果要汇回菲律宾，会遇到外汇汇出不方便、没有办法及时响应家人的现金需求等问题。但是最近有一家公司帮他们解决了这些问题，这家公司就是阿里巴巴。

阿里巴巴在香港给所有的菲佣做了一个 App，然后阿里巴巴再在菲律宾设了非常多的提现金的小店。现在菲佣想把钱汇给菲律宾的家人时，在 App 上简单操作，只需要 3 秒钟，他家里人就可以在菲律宾提现了。这件事情不需要借助任何一个银行，只需要一个区块链的交易方式，现在已经变成现实了。

我用这个例子告诉各位，如果这件事情开始推广，你会发现有一个行业会被重新调整，这个行业就是银行业。

你如果能够真正去做协同，很多行业的价值就会被重新确定下来。

分享得越多，价值提升得越多	分享背后的逻辑是：协作
区块链：整个网络的交易以分布式出现	大规模的合作与协同

图 6 核心不是分享，而是协同

6. 联接比拥有更重要

这两年我讲得最多的一句话，叫作"联接比拥有更重要"。共生的逻辑，不是一个控制和拥有的概念，而是彼此赋能加持、共创价值、共享发展的概念。

两三年前，我常常在论坛上跟大家讲，如果你跟我说，你的竞争对手是谁，我会非常紧张；如果你跟我说你正在跟谁合作，我会非常高兴。一定要记住，今天你跟谁合作更重要，因为你不会知道对手是谁。所以我们关键的**核心在于，你怎么联接以及你怎么和大家组合在一起。**

无论是华为还是腾讯，最近它们在发布新战略时都用了一个词。华为是用了"联接"这个词。让智慧赋能于这个万物相联的世界，华为起的作用就是联接。而腾讯用了"连接"。腾讯跟自己说，它会赋能所有的产业，成为一个连接者。

如果你能联接更多时，其实你未来的机会会更大。

| 动态是根本的特征 | 迭代与优化 | 集合智慧 |

图 7 联接比拥有更重要

7. 颠覆不是从内部出现的

我们一定要想尽办法不断地学习和进步。因为不学习、进步，你就会被别人颠覆掉。

很多人知道，中国移动最早出了飞信。可是飞信没能活下去。原因并不是外部环境不需要它，而是内部没有人认为这是一件在未来最重要的事情，结果中国移动关闭了飞信。

然后，微信出现了。

这就是我们看到的情况，所以我希望大家理解，如果你不愿意真正去调整和发展你自己时，其实你就被调整掉了。

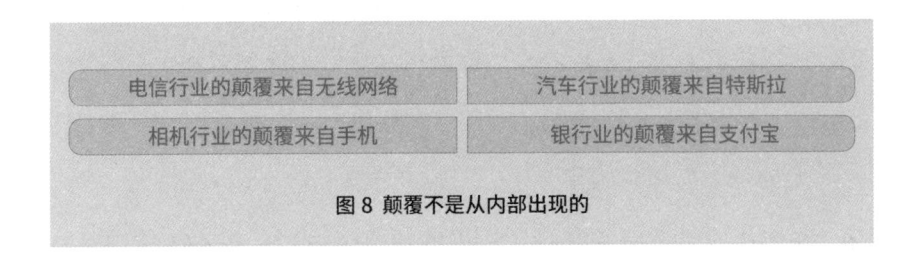

电信行业的颠覆来自无线网络	汽车行业的颠覆来自特斯拉
相机行业的颠覆来自手机	银行业的颠覆来自支付宝

图 8 颠覆不是从内部出现的

8. 可量化、可衡量、可程序化的工作都会被机器智能取代

我到海尔跟张瑞敏交流时，他们安排我去参观海尔的智能互联工厂。这就意味着未来可量化、可衡量、可程序化的工作一定会被机器人替代。如果这是一个根本性的改变的话，这就意味着我们更多的创造能力要被释放出来。

图 9 可量化、可衡量、可程序化的工作都会被机器智能取代

我希望大家从这个角度去看环境。宏观环境你需要看，微观环境你更需要看。这八个微观的环境，其实都是可以给你带来机会和发展可能性的。如果你不能这样去看，你可能就会认为机会不多。可是我今天告诉各位，我们从来没有像今天这样拥有比以往更多的机会。这就是我需要你理解的。

▶ 02 数字化时代战略，从"竞争逻辑"到"共生逻辑"

我们从战略上必须从竞争逻辑改成共生逻辑，根本的原因是什么？我们在工业时代向数字时代转换时，其实是换了三样东西。

1. 边界突破

为什么你并不知道对手是谁？因为我们现在更多的企业实际上是跨界发展的。我以前绝对不会想到，真正影响我的有可能不再是老师，而是网红，这就跨界了。我们现在非常多的人正在上课，但是他们之前其实不是老师。实际上他们已经占据了更大的一个教育的位置。

2. 颠覆

其实非常多的东西是被颠覆掉了。我们非常多的行业都在重新定义。

3. 打破行业的游戏规则

行业的游戏规则，其实一直是被打破的，这就是重新定义。这是工业时代向数字时代转变最大的变化。

亚马逊代表的零售方向，其实就是无人再去做销售。亚马逊在美国很少有卖场，它在非常多的城市都只有提货点，只需要在网上购物，然后在就近的提货点提货。我们中国在这一步走得更远，就是我们直接配送到家。你会发现，几乎所有行业的游戏规则都是被调整的。

竞争逻辑跟共生逻辑之间最大的差异是什么？共生逻辑是我们要满足新的东西，竞争逻辑做的是比较优势。

比如山东根据自己的比较优势，把自己定义为农业大省。山东有肥沃的土地，有非常好的从业基础，然后有很好的一个产业机会。山东从种植大省到养殖大省，做了长期的努力，这是山东的比较优势。山东向全中国提供最好的蔬菜、瓜果跟肉制品，这是满足了需求。这时它的逻辑可能就是一个竞争逻辑。

但是到了互联网时代，我们要转变。我们不做比较优势，我们要寻求顾客价值，就是什么是最有价值的东西。更重要的是，我们不是去满足需求，我们是创造需求。

我之前印象最深的一个故事，是说广东跟湖南的区别。湖南人每天早上把一大车一大车的猪从湖南拉到广东。然后广东人把生猪进行食品深加工，做上包装和品牌，又一大车一大车拉回湖南卖。最后赚钱的是广东人。

从湖南这个角度来讲，它只是满足了需求。广东省没有那么多的养猪企业，我有大量的养猪企业，我就把生猪给你运过去。但是广东省做了什么？广东省得到生猪之后，把它分割做食品深加工。广东省创造了一个食品产业,这个食品产业的附加价值要比生猪高很多。你会看到它创造的是一个需求。

所以,以前在满足需求那个地方,只能谈赢和输,而未来的这个地方其实不存在赢和输,我们会创造出更多的空间。这就是二者的根本不同。

我们今天看到的这些新兴的商业模式,在各个领域其实都有全新的机会。它们要么是连接器,要么赋予新定义,要么是打破边界,要么就是能够真正重新定义它们的价值。

走向数字化时代的战略选择,并没有我们想象的那么难,你只需要**赋新**、**跨界**和**连接**就做得到。这就是我们在战略上从竞争逻辑向共生逻辑转换的要求。

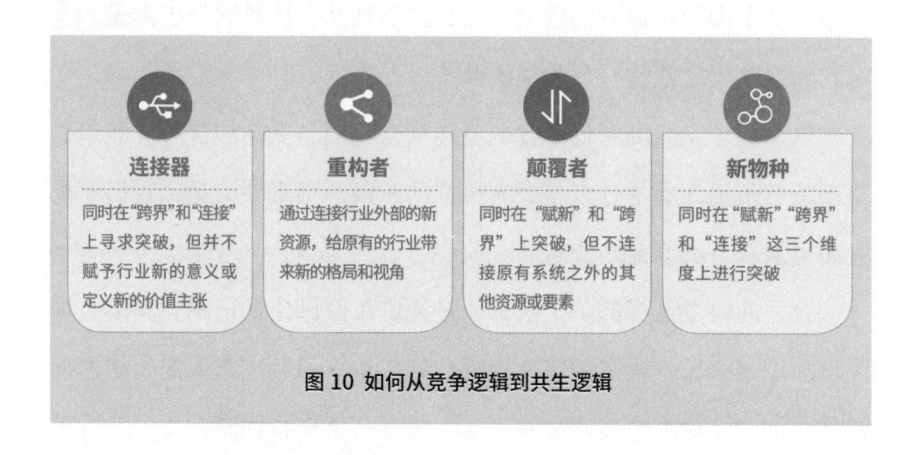

连接器	重构者	颠覆者	新物种
同时在"跨界"和"连接"上寻求突破,但并不赋予行业新的意义或定义新的价值主张	通过连接行业外部的新资源,给原有的行业带来新的格局和视角	同时在"赋新"和"跨界"上突破,但不连接原有系统之外的其他资源或要素	同时在"赋新""跨界"和"连接"这三个维度上进行突破

图 10 如何从竞争逻辑到共生逻辑

▶ 03 商业让生活变得更美好

商业的核心逻辑,就是让生活变得更美好。我有一句话,叫作

"生意就是生活的意义"。**商业之所以可以得以永续，是因为人们追求生活意义的愿望永远都在。**因为商业能帮助这件事情达成，所以才使得非常多的大型企业诞生出来。

无论是苹果、Facebook（脸书）、亚马逊、腾讯、阿里还是华为，这些企业之所以成为全球有影响力的企业，一方面是因为它们有远见和野心、有决心和执着、有活力和创新；另一方面是因为它们深刻影响着人们的生活，影响着整个世界，甚至人类的未来。

它们具有显著的共性，这个共性就是它们为追求更美好的生活所带来的价值创造，帮助人类近距离和远距离地分享价值。从这个角度来看时，你就会发现：我们喜欢一个企业，不是因为这个企业，而是因为我们喜欢这个企业为我们提供的生活；我们使用这个产品，不是因为产品本身，而是因为这个产品让我们的生活变得更加美好。

所以商业如果从这个逻辑去讲，我们就要特别关注到：今天我们在商业中完成的两个最重要的东西，一个是**个体的满足感**，一个是我**们在过程中的体验感**。这样就会产生非常非常多好的企业，非常非常多新的机会。所以我认为，中国企业是更有机会创造价值的，因为我们有更多的个体的需求，我们有更多的各层体验的创新能够释放出来。

从这个意义上来讲，我们需要你认真地去做好你的产品和服务。**当你的产品和服务能够真正地给大家爱、惊喜和依靠时，你就一定能够创造商业价值。**

我有一年在参加一个城市的未来规划时，他们说，我们要建成国际大都市。我没有接受这个定位。他们接着问我，陈老师，我们应该如何定位？我说，你们应该让它成为全球最适合居住的城市。那样就会有最优秀的人、最年轻的人来。有了这两组人，这个城市一定会有未来。这就是我们讲的爱、惊喜和依靠。

我们做城市规划的逻辑是这样，做产品的逻辑同样是这样。商业就是这个概念。它不可能停滞，它不可能不发展。只要你能够**提供生活，商业就一直会延续**。从这个角度去看，你就一定会相信，机会是一直在的。

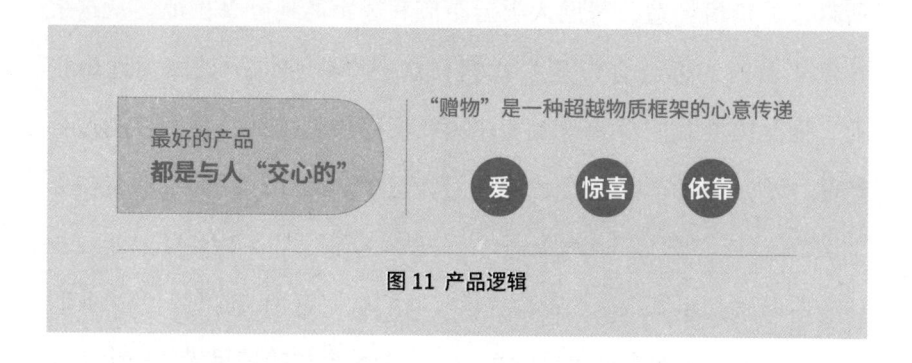

图 11 产品逻辑

最好的产品都是与人"交心的"
"赠物"是一种超越物质框架的心意传递
爱　惊喜　依靠

▶ 04 企业要成为全新价值的塑造者

我们如果从战略上这样理解，从商业的逻辑这样去理解，其实就会知道我们为什么会讨论共生、价值和成长三个关键词。我们讨论这三个关键词的意义在于，我们可以理解战略、共生、逻辑之后的创造需求、顾客价值带来的增长空间，我们也可以理解商业所带来的可持续性跟人们的生活共融共生这个特征。

如果你的企业和商业不能跟人们的生活共生，我们就没有办法找到它可持续的理由。所以，我们要求今天的企业必须是全新价值的塑造者。下面几家企业都是由于塑造了全新价值而实现了更好的增长。

案例1：华为

华为2018年的销售额超过了7000亿人民币，也就是超过了千亿美元。当年全球过千亿美元的公司一共只有53家，而在这53个千亿美元俱乐部的成员里，大部分是资源性公司，还有一部分是国有资本公司。真正面对消费端的，我们称之为"民营企业"的数量很少，但是华为是其中之一。

在华为2018年的财报公布时，我们看到，它基于零售终端的品牌消费占到了一半。这意味着它用了短短几年的时间，就让自己从一家2B公司转向了一个2B和2C可以并驾齐驱的公司。

华为为什么要做消费终端？为什么要做手机？原因就在于，华为认为，当你能够真正理解消费者体验时，你才可以帮助所有人成功。

2018年开始，华为的顶级新款手机已经比苹果的还贵。我们今天人和人之间的交往，已经不再用文字，甚至不再用简单的语音，我们开始用短视频。华为手机有一个优点是，它会让你拍的视频变得比较好看，所以我们就比较喜欢它了。

我现在的学生，如果不用美颜相机都不拍照的，而华为解决了这个问题。它用一个很好的算法，让相机拍出来的一定是你，但是一定找到了你最好看的角度。这只是它其中的一个"洞察"。这样的"洞察"告诉我们，它能够真正地去塑造。

案例 2：抖音

大家知道抖音最厉害的是什么？为什么你看它之后就放不了手？原因是它背后有一套运算系统，你只要点开一个，停下来看 30 秒，它就算出来你喜欢看什么。接着你再看到的都是根据你的喜好推送的。然后你中间停留时间长一点，它就重新精准地算一次，之后再推给你更准确的，所以你根本就停不下来。这就叫洞察。

案例 3：海尔

我们知道大规模生产的产品要求标准化，是没有办法定制化的，但是今天的人们其实是需要个性化的。所以海尔从 2005 年开始做全面战略转型，尝试向大规模定制化做转型，到今天它真的实现了。

我就真的去买了一台海尔的冰箱，然后发现，真的有互联网的感觉了。海尔会告诉你冰箱的每一个生产流程和进度：你的冰箱主机已经装上去了；接下来，装柜门了；再接下来，产品下线，上物流了；然后再接着告诉你，什么时间到你家了；上门安装好之后，安装工人知道我很爱我的妈妈，所以他就让我妈妈跟冰箱合了个影，然后发微信告诉我，到家了。

海尔做转型时，最重要的是想办法让员工在为用户创造价值的同时实现自身价值，这就是海尔所谓的"人单合一"的核心。而这个核心被创造出来时，就会使一个传统的冰箱变成一个全新的冰箱。这些塑造会给我们带来新的机会，而这些恰恰就是我希望你了解的部分。

案例 4：大童

我知道大童保险销售服务有限公司，是因为我的一个学生出了车祸。他是家中的顶梁柱，只留下妻子和一个几岁的孩子。因为他非常年轻，所以全家对这种意外没有任何的准备。全班同学都决定帮他一下。可是我们发现，我们所有人筹集的钱，也不太可能保证他的孩子一直能够很好地得到教育的机会。因为他的太太没有工作，一直在家照顾孩子。

然后我们遇到了大童保险。它就根据我们所有同学筹集的 20 万元，提出了一个解决方案。这个解决方案可以保证持续供钱给他的孩子读书，一直读到大学毕业，保证他的妻子每个月能够得到足够的生活费，维持正常的生活。

我这时候才突然意识到，保险新的价值是由一种新的解决方案来创造的。这种方案不是去解决你现在出问题该怎么办，而是能够真正让你的生活全过程被保障。

当这家公司把自己定义为生活全过程的保障公司时，它在 2018 年全行业受到非常大调整的情况下，反而成为一家强劲增长的公司。

我们所有行业的价值，其实都可以重新被定义。**如果你想成为一个全新价值的塑造者，我希望你能够真正创造一种让顾客感知到的创新，满足一种曾经未被满足的需求，也就是创造需求；或者，我希望你能够传达一种长期主义的价值主张，能够真正帮助产品有一种时代的价值创造的可能性；或者，你能够成为业界的标准，能够找寻到真正的新的机会。**

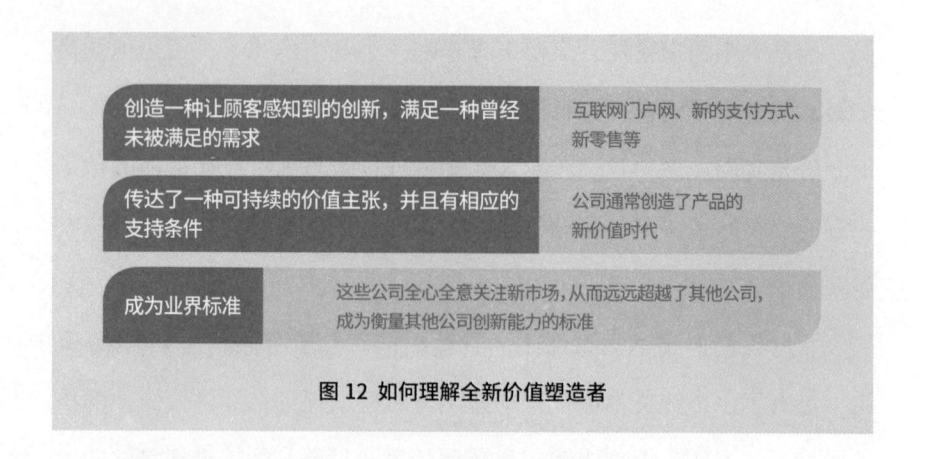

创造一种让顾客感知到的创新，满足一种曾经未被满足的需求	互联网门户网、新的支付方式、新零售等
传达了一种可持续的价值主张，并且有相应的支持条件	公司通常创造了产品的新价值时代
成为业界标准	这些公司全心全意关注新市场，从而远远超越了其他公司，成为衡量其他公司创新能力的标准

图 12 如何理解全新价值塑造者

▶ 05 要知道未来的成长在哪里

回到我对微观环境的八个问题的理解，回到战略必须从竞争转向共生、商业必须与人类生活共生这个逻辑上来讲。我希望你能够以价值成长激励你的成员，然后真正让伙伴跟你一起来促进创新。更重要的是，我们因此可以做个性化的服务，以满足我们的顾客。

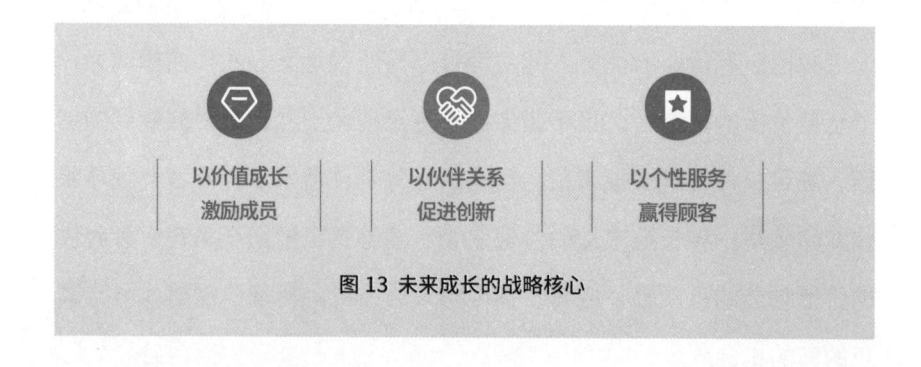

- 以价值成长激励成员
- 以伙伴关系促进创新
- 以个性服务赢得顾客

图 13 未来成长的战略核心

每次我在课上讲战略时，最后都会讲一句话，这是美国一位著名的冰球运动员说的。只要是他出场的冰球比赛，门票就会售罄，甚至有人几年前就买好他的年套票，几年后去看。只要他上场的比赛他都会赢，很多媒体采访他，问他为什么一定能赢，为什么如此优雅，从来都不会被别人撞到。他说了这句话：**"我要滑向球要去的地方，而不是球已经在的地方。"**

我们今天所拥有的一切很重要，但是更重要的是我们要知道未来的成长在哪里。当我决定去讨论共生、价值、成长时，我很希望大家能够记住这三个关键词。

这三个关键词，就是我们要前往的球滑向的地方，而不是球当下所在的方向，这样才能使我们重新走到领先的位置上。

写作是与世界、与自己对话的最佳方法[1]

● 最重要的就是不要忘了初心，要去做有意义和有价值的事情。

▶ 01 平衡职业身份的方法

《出版人》：在书业年度评选的历史上，您作为"年度作者"的身份可能是最多元的：既是学者，是活跃于教学一线的师者，又是优秀的管理者。对您来说，这三种职业身份是否互为助益，您又是如何从中平衡的呢？

陈春花：我很幸运能够有机会实现很多梦想。当我可以做职业选择的时候，立志做一名老师，结果大学毕业后，我得以留校任教。小的时候，我希望当个作家，想不到现在能够出版这么多专业书籍和随笔。我觉得研究管理理论必须要深入实践，必须真正理解管理实践本身，结果我得以到企业任职，成为能够担当具体绩效责任的管理学教

---

[1] 本文是《出版人》杂志记者王睿对作者的采访。在第12届书业年度评选中，作者摘得"年度作者"大奖。本文发表于《出版人》杂志2018年第2期。

授。在我的成长中，这三个角色相互促进，使得我能够深刻理解管理理论，切实了解管理实践，并可以把两者融合在一起，达成"知行合一"，借助于写作，又把这些所获传播出来，让更多的人受益。

三者平衡的关键是寻找其内在的价值和共鸣。对于管理理论的研究，让我可以更深入地理解管理实践，在从事企业管理实践的时候，我的管理学训练和研究训练，让我可以快速地做出决策，更好地理解行动方案；而持续的管理实践，又可以让我发现真正值得研究的问题，掌握更多鲜活的案例，使我的研究更加具有现实意义和应用价值；写作的训练可以让我更全面地理解知识、理论建构以及研究工具和方法。三者也可以说是相得益彰。这些共同的价值发现，让每一部分的效率都得以提升，所以当我把时间协调好的时候，三者就能平衡起来。

▶ 02 保有写作热情的方式

《出版人》：您一直是一位非常勤奋的作者。对大多数管理者而言，坚持写作并不是一件容易的事。而您除了管理学著作之外，还创作散文和旅行手记……是什么让您对写作一直保有热情？

陈春花：写作的确是一件需要耐力和韧性的工作，到现在我已经持续写作了将近 30 年。在过去的 30 年间，每天除了正常的上课、研讨以及调研、辅导企业等各项工作之外，我一定要留出时间来写作 2～4 个小时。因为自己常常出差，在飞机上写作也是常态。我能够保持这样的写作频率和习惯，是因为我觉得写作是我与世界对话、与自己对话、展开深度思考的最佳方法。

我很庆幸自己养成了写作的习惯，因为这个习惯，让我能够展开广泛的阅读，与很多人交流，深切理解实际问题，并安下心来思考，找寻答案。其实，写作本身对我来说已经是一种行为习惯，是日常生活的一部分。正是写作带给我深度思考和发现新想法的幸福与快乐。更重要的是，能够不断出版和发表自己的观察与思考，有很多读者与我交流他们的想法，这种体验太美好了。

▶ 03 中国管理模式

《出版人》：您通过教学、研究、实践，写了二十几部管理学著作，构筑了本土管理模式的形态。您如何看待这种中国式的管理学模式？

陈春花：管理首先是一种实践，也正因如此，管理一定要面对本土化的问题，在这个意义上，中国管理模式的确是存在的。我在差不多30年前就开始关注中国企业的管理实践、文化特点以及中国企业的成长模式，持续的研究让我可以更深入地理解中国企业在管理中的挑战，理解中国企业管理实践所创造的奇迹。这些都让作为一名管理研究学者的我感到振奋。所以，我沿着"中国领先企业成长模式研究"这条主线，展开了将近30年的研究，因为这些中国领先企业的成长与成功，我才有机会把我的观察和研究都呈现出来。让我找到"中国领先企业"成为领先者的导入因素和导出因素，并把这些总结运用到企业实践中，带动了一些企业成为领先企业。我用自己的研究做例子，是想说明，因为有中国企业的实践，我们才有机会去研究中国本土企业的成长模式，如果这些研究能够拥有普适性，也可以说是中国管理研究对世界管理学的价值贡献。

▶ 04 深入的思考：写作计划

《出版人》：您在 2015 年出版了《激活个体》，2017 年又出版了《激活组织》，这中间两年您对于互联时代组织管理的思考有哪些变化或深化？您目前的研究进展和下一步的写作计划是什么？

陈春花：从 2012 年开始，互联网技术带来的冲击影响到各行各业，而互联网技术快速普及所带来的冲击开始渗透到每个人的生活中。我们看到两个最为显著的变化：雇员时代将要消失，个体价值正在崛起。这两个显著的变化直接反映到组织管理中，导致了传统企业的集体焦虑。作为组织管理领域的研究学者，我要求自己必须回答传统企业如何面对互联网这个问题，这就是《激活个体》这本书写作的背景。当我把《激活个体》的组织管理问题梳理清楚之后，如何让个体发挥价值的疑问得以解决。

但是随之而来的问题是，个体越发强大的时候，组织应该如何存在？

随着互联网技术的发展，不仅仅是个体变得更加具有独立性，组织管理也开始遭遇另一种挑战，那就是环境的不确定性。这种不确定性导致了组织的绩效不再由内部决定，而是由组织外部环境因素决定；组织管理的效率也不再来源于分工，而来自协同。为了解决这些问题,组织管理不仅要完成绩效,还需要驾驭不确定性。如何做到这一点?如何让组织能够面对和驾驭不确定性?为了回答这些问题,《激活组织》在2017年应运而生。我在这本书里,解答了组织驾驭不确定性的根本解决之道,即让组织成员持续拥有创造力。

2018年是中国改革开放40周年,在过去的40年里,中国企业取得了巨大的进步。而到了40周年的时间点,中国企业遇到了新的时代机遇。一方面,中国经济与社会持续进步;另一方面,技术革命又让大家重新回到共同的起跑线上。我计划围绕这个主题写一本书。另外,我一直认为最好的商业一定是为了解决生活中的问题,所以我一直想写一本书,书名叫作《生意,就是生活的意义》。

▶ 05 个人经历:成长的建议

《出版人》:最近有一部电影,叫《无问西东》,讲的是年轻学生随心而行,追求理想。您作为老师,对于学生的成长也一直非常关注,从个人经历上看,您的职业发展跨度是非常大的。从最开始学无线电,到教马克思主义哲学,再到后来做管理学研究。在每一个节点上,促使您做出选择的因素有哪些?对于年轻人,您是否也有一些个人成长方面的建议?

陈春花:我参加高考的时候,恰好是改革开放初期,国家大力倡导"科学技术是第一生产力",我也觉得应该报读工科,这样才会成为一个对社会更有价值的人。大学毕业的时候,因为我深受中学班主任宁齐堃老师的影响,决定要成为一个像她那样的老师,真正可以帮助到学生，所以向学校申请当老师，但是当时无线电技术专业没有教师编制，通过学校批准，我到社会科学系报到，留校讲授马克思哲学基本原理，这门课程我整整讲了8年。在此期间，因为有机会参与珠江三角洲企业的管理实践，我觉得转入管理学的教学与研究领域可以更加直接地贴近实践，所以，我转入工商管理学院任教，教授组织与文化管理的相应课程。

从我自己的经历上看，遵循内心的追求去选择职业是极为重要的，就因为我内心渴望当老师，虽然需要转换专业，但我还是按照初心去做选择，初心是一种内在驱动力量，驱使我一直站在讲台上，努力把课讲好。

对于年轻人我并没有太多的建议。我觉得现在的年轻人比我们更清晰地知道自己要做什么、自己的能力如何。但是如果一定要我给建议的话，我想，最重要的就是不要忘了初心，要去做有意义和有价值的事情。

PART
5

心灵和生活
相得益彰

孤独使我们在烦琐的世态中求得简练，在喧闹的尘世中求得恬静，在世俗的环境中求得超然，甚至在不公平的遭际和突如其来的厄运中求得安慰和自悦。

生 长 最 美 ： 想 法

此生都做一个心灵和生活相对应的人

● 人只能在有限的空间内尽可能地丰富自己，内心的充实才是真正广阔的天地。

又一次深夜到达齐齐哈尔。十年前也是深夜到达，那次是赶去见老师最后一面，十年后的今天和同学约定来看老师，再一次表达谢意。当我们把一束束鲜花奉于老师面前时，也把思念和心一起呈上。

望着老师熟悉的笑容，泪不断地涌出，但是内心里，我并没有感到悲哀。我依然能感觉到和老师的交流，这十年依然感受到老师带给我的力量，依然可以伴着泪水望着老师清晰的面容，依然相信老师时刻陪着我。

十年了，相信我有了很多改变，但是和老师交流的习惯却保留下来。记得当年独自一个人从黑龙江到广州上大学，每个星期安静地坐在课室里给老师写信，每次写信都有"万籁俱寂"的感觉，就这样想着老师，都觉得幸福得要流眼泪。

总是想到《共同度过》的歌词："没什么可给你，但求凭这阕歌，谢谢你风雨内，都不退愿陪着我……分开也像同度过。"

是的，我们在分开后，也有同度过的感觉。日子会流去，但是每一次和老师交流时,仍然是那份永恒的感觉,不曾褪色。

要回东北的前几晚,一直无法入睡。老师是我生命中的一个偶像,代表的是从前的某段日子,如今不可追寻,心中感触岂能言说?生命里有些东西是不可能被忘记的,在不经意触碰时,会和当年的心情一起涌到眼前。和我同样热爱着宁老师的还有40多位同学,我们从祖国各地赶来,生怕错过了看她的那一眼。

真正的感情只在心里,经过岁月的锤炼更有了一份亲情在内。老师,我想我怎样也说不出对你的热爱,敬你如师,爱你如友,更亲你如家人。我找不出可以形容的词汇来,因为怎样表达都显得笨拙。

离开公墓,宝华安排我们一起去扎龙看丹顶鹤,进入浩渺的芦苇荡,远望碧水,思绪却依然停留在自己的内心中。到了下午我还是请同学带我回到昂昂溪,到当年读书的中学去看看,驱车前往的途中,我依然不断地反问自己:是否理解了老师所做的努力?

走了一个小时的路,我们终于回到了母校,没有变化的校门,一样铺着沙土的跑道,一样高大的杨树围绕着校园的四周。我们读书时候的一小栋教学楼依然保留着,但是斑驳的墙体、生锈的门窗刻记着岁月的痕迹。陪我来的朋友说,想不到我的学校是这个样子。

母校经历了快30年的改变,我也没有想到再看到时会惊讶于它的古朴和简陋。

置身于这样的环境中,大部分人都很难保持一份好心情,承诺一份对学生尽心尽力的爱,但是宁老师做到了。

眼前简陋的课室一瞬间化作当年的场景——洁净的玻璃、富有诗情的墙画、欢快的小乐队……在我所有关于中学的记忆里,都是歌声、书画、竞赛以及朗朗的读书声，我所有的生活情趣都源于这个简陋而又丰富的课室。在冰冷的深冬，暖暖的火炉释放出来的竟然是江南的三月；铮铮咚咚的古筝声中，流出来的是云鬟宫妆的西子的浅笑轻颦。冬的坚毅和老师所带来的柔美结合在一起，让幼小的我们知道了天地之美。

人是可以超越环境去创造的。站在陈旧的课室前面，我再一次在内心敬仰老师。

离开老师这么多年的日子里，我仍然会在偶然间想起从前的种种快乐，仍然会在别人用"老师"这个词称呼我时，有微微的疑问和顾虑。在我内心里，"老师"已经是一个专属的称呼，一个可以为学生创造丰富秉性、情感和价值判断的称呼，我深恐自己无法做到。

站在依旧如昨日般的沙土跑道旁，远远地欣赏，仿佛是在看一幅画般，回想曾经那么美丽的心情，我突然意识到我更愿意和这些连在一起，这样才觉得找回了真正的自己，不再迷失。在这样的氛围中，心底最深处的东西慢慢涌现到眼前，我想象自己仿佛迎着清风在跑道上奔跑，无拘无束，耳边传来的是声声的欢呼，**我只需要不断向前奔跑就可以了，终点一定就是胜利**！

工作之后，迷惘、孤独与失落的情绪时隐时现，为此我自己检讨了又检讨：为什么我就不能随遇而安？为什么我要有一个属于自己的向往的环境才能情绪高昂？为什么我要向往生活中有一点点情调、一点点随心所欲呢？我始终想不通是我太不切合实际，还是我不能懂得生活本身。

想到老师，我找到了答案。**生活本身就是一种单纯的快乐，因为**

人的很多东西都是自己给的，只要我们超越环境、回归本心，人生就一定是多姿多彩、丰满无比的。

像老师一样好好做回自己，做好现在，尽力充实自身，然后顺其自然，等待机缘到来的一天。毕竟人有很多东西是要受到限制的。

卢梭说："人生而自由，但又无往不在枷锁之中。"所以**人只能在有限的空间内尽可能地丰富自己，内心的充实才是真正广阔的天地。**

记得一段话："最重要的是我们自己要理解那每天太阳升起来的意义，活着，要让生命获得独立的意义。人，应该和四季过，和大自然过，让我们每天都领略大自然的赐予，让春夏秋冬在你的窗前报到。"老师教给我的这一切，我需要用一生来体会。

有时会觉得在这种"天下熙熙，皆为利来，天下攘攘，皆为利往"的日子中找不到多大的意义，甚至对自己的存在产生怀疑，许多梦想也渐次远去。有时候想起来，就会傻傻地发一阵子呆，眼神也变得蒙眬而迷离，心中颇有感触。

有时候会有激昂的情绪、自由自在的心情，一派云淡风轻，胸萌大志，要在平凡的生活中创造出最深刻的幸福来，这种时候便会步履轻快，深信自己已经看到了生命中的真谛，而这一切就源于和老师的交流。

日常的生活的确平淡，但是我们依然可以找到释放心灵的空间，**如果能够珍惜此刻拥有的，以快乐的心情去接受，一切都是美好的。**就如老师从哈尔滨师范大学毕业后就来到这个偏远的小镇中学，沉下心来去接受，但也从不放弃梦想。因为她知道，在前行的路上，一份美丽在等待着她，而这份美丽就是学生们丰富的人生。正是老师这份安然，使得她在这个小镇里依然保持着极高的品质标准，从而也成就了我的价值追求。

拥有一个可以真正和自己的内心进行交流的良师是多么幸福的事情。**生命的幸福不在于环境、地位、财富，而在于心灵如何与生活对应。**老师和我都是极其幸福的人，老师能够让心灵和生活对应，而我因为可以和老师进行内心的交流，也拥有了和生活对应的心灵。

1992年时，我回到昂昂溪看老师，一个晚上只想不断和老师聊天。当时我就想，如果可以和老师一直在一起有多好，可是我知道这样的机会是很难得的，又禁不住有些伤感。所以我就对老师说，我一定要努力赚钱，接老师到广州住，这样就可以一直在一起了。1998年时，我几乎要实现这个愿望了，但是老师却再也不能和我聊天了，不管我多努力，这已是我终生的遗憾。

白居易的一首《问刘十九》说出了我想到老师时的心情：

绿蚁新醅酒，红泥小火炉。
晚来天欲雪，能饮一杯无？

老师在我的生命里，永远都会是最重要的人，是我在霜雪欲下时，在夜寂人稀的小屋中，在小小的红泥火炉旁，想要与她喝一杯，且只想与她喝一杯的那个人。别的人，不能走进这样的感动里：生命中因最简单的情境而产生的感动。

钱锺书说他的处世态度是："目光放远，万事皆悲；目光放近，则自应乐观，以求振作。"

我颇以为然。**远看人渺小如芥子，生死无从把握，自然可悲，但看一日一日，踏踏实实地生活，自是应该快快乐乐**，这是钱锺书的处世态度，也是老师的生活状态，我亦应该如此。

以前心里也有不能清明之时，但是在这一天之后，会清明起来，老师不必再真正说什么，那种潜移默化已自然而然地教会了我这一切。十年后的这一天，我知道我可以此生都做一个心灵和生活相对应的人。

体味孤独是对自我的超越

● 孤独可以使我们抵御外界诱惑，孤独可以使我们正视自己。我们去体味孤独的同时，恰恰是在超越自我，实现人生的价值。

交往作为人的一种基本活动能补偿个体的不足。人的个体意味着有限的存在，只有通过交往这种个人与社会之间独特的代谢作用，建立起广泛的社会联系，取得前人和同时代人的经验，获得社会性情感，个人才能超越自己的有限存在；任何个人只有在与他人发生关系并建立起健康的联系时，他才能确立自己并成为一个完整的人。

的确，**人是社会的存在，人必然在自己的观念中形成群体意识**。这种社会的群体意识无疑是对孤独的否认。但这仅是问题的一个方面。

事实上，就生命存在形式的个体性而论，正如我们看到的那样，每一个人的人格就其赖以存在的方式而言都是独立的，因此，个体都有自己不同的观念、品性和追求。人与人尽管是处于一个非常密切的社会关系中，但这种各异的观念、品性和人格理想的追求使得他们的心灵壁垒没有必要也不可能被打破。

从这个意义上讲，每个人都是孤独的个体。以这样一个观念来审视历史和现实中的人生，我们可以发现一个极为普遍的现象，那就是历史上的那些伟人往往是最为孤独的个体。

陈子昂是孤独的，这种孤独在他的诗作"前不见古人，后不见来者。念天地之悠悠，独怆然而涕下"中表现得淋漓尽致。康德是孤独的，这位孑然一身的哲学大师，终生只能对着"头上的星空"冥思苦索。卢梭也是孤独的，并因此而写就了著名的《一个孤独散步者的遐想》。马克思、贝多芬、凡·高、尼采、海德格尔、萨特、爱因斯坦，还有鲁迅、傅雷……他们都是孤独的最强烈的体验者。我们又同时可以发现，这种孤独非但没有妨碍他们成为伟大的人，反而使他们的人格有了一种美的意蕴。所以他们的人格才显现出或是悲壮的美，或是深邃的美，或是优雅的美，或是充满力度的美。

尽管我们每个人并不都能如此强烈地体会到这种伟人的孤独，但我们的人生依然会有孤独的体验，因为孤独是生命的本质情感之一。只要我们有自己独特的思想价值观念，独特的认知、情感、意志，独特的人格理想的建构和追求，那么，我们当中的每一个自我就注定与众不同。有着这种与众不同，我们就难免要忍受孤独，要超越自我。

孤独使我们在烦琐的世态中求得简练，在喧闹的尘世中求得恬静，在世俗的环境中求得超然，甚至在不公平的遭际和突如其来的厄运中求得安慰和自悦。

海伦·凯勒的故事打动过每一个人，尤其是她写的《假如给我三天光明》，感动了不计其数的读者。她双目失明，双耳失聪，孤独就像影子一样紧随着她。绝望无助也让她更加孤独，但是坚强的意志力让她在绝境中求生。在她的身上，我们读懂了，耐得住孤独也是人生必须学会的技能。当你能够与孤独为伴，享受孤独带来的安静与专注，你就能够体会到人生的美好。海伦·凯勒在自己的书里写道："寂寞孤独感浸透我的灵魂，但坚定的信念使我获得了快乐。我要把别人眼睛所看见的光明当作我的太阳，别人耳朵听见的音乐当作我的交响乐，别人嘴角的微笑当作我的微笑。"

我们回顾浩瀚的艺术史，就会发现，没有任何一件精美的艺术品的创作，不是来自孤独的心灵和灵魂。孤独更是每一位作家的标配。

曹雪芹用了一生的经历来写《红楼梦》，历经千辛万苦；歌德用了六十多年时间写《浮士德》。每一部经典之作，都是作者的心血之作。

孤独可以使我们抵御外界诱惑，孤独可以使我们正视自己。我们去体味孤独的同时，恰恰是在超越自我，实现人生的价值。

与过去连接，让生命得以沉淀

● 生活中，能够有时间连接过去是件非常有意义的事情。这种连接，让我们知道来处，知道往昔。

妈妈随着爸爸勘探的脚步，从祖国大陆的最南端湛江，走到了祖国北端的齐齐哈尔，这一走就是40年。1970—1972年间妈妈带着我们回到湛江住了两年，之后又回到爸爸工作的东北，直到我大学毕业留在广州，妈妈才彻底回到广东。因为外婆早已搬来和我们同住，1972年离开湛江之后，妈妈就没有回过老家，一晃又是40多年过去了。五一节假期，和妈妈商定一起回湛江，去寻找旧时居住的地方，看看老街是否有什么变化。

这一次，我们开车回湛江，走高速公路非常方便，从广州到湛江只需要4个多小时，记得小时候去湛江，无论是坐火车还是坐长途汽车，都要走十几个小时。1972年时，我刚刚上小学一年级，大姐已经开始读中学，妹妹不大但是也有记忆，大家对于回湛江都很兴奋，一路猜测着往老家驶去。

小时候住的地方叫坡头，是湛江辖下的一个小镇，从湛江市区去坡头，从前需要坐船过海才能抵达，现在有了跨海大桥，车子可以直接开到坡头。妈妈的老家其实是在南山，那是一个岛上的渔村，不过妈妈嫁给爸爸后，安家在坡头，外婆也随着一起住到坡头了，所以南山没有留给我什么记忆，我关于小时候老家的印象就只有坡头了。

我在坡头只住了两年，也许是刚上小学一年级的缘故，自己有一些很深的印象。那时"红小兵"需要拉练锻炼，而我是小班长，就扛着红缨枪走在队伍的外侧，喊着口号，一队小小兵开始去"远征"。不记得到底走了多远，只记得带着同学走回镇上时，刚好路过妈妈打工的商店，店里的人大声叫着妈妈说："你家老四回来了，还扛着红缨枪，裤脚一个高一个低走着，很精神的样子！"妈妈马上从店里跑出来给我鼓劲，不过她也觉得我的样子很好笑、很可爱。见到妈妈，我更加有力气，昂首挺胸地走过去。长大后，妈妈常讲到这一段故事，每次讲，她都觉得我当时的样子非常好笑。

大姐那时已上中学，故事就会更多一些，中学生是住校，为了能吃到更多的粥和菜，同学们会想尽办法，比如先盛半碗快快吃完，然后马上再盛一大碗等。妹妹也有很多好玩的事情让我们回味，比如她最喜欢吃外婆做的鸡油饭等。

一路回忆过去的趣事，时间过得飞快，不知不觉中坡头就到了。停好车，直接往中心广场走去，广场及四周没有什么变化，广场旁一棵大大的榕树还在，依然茂盛，庞大的树冠让广场好像被遮挡着一般。

大榕树旁是一个祠堂，我的小学就在这个祠堂里，也许是个子小的缘故，记忆中祠堂的红色门槛特别高，需要花很大的力气才可以跨过去。远远望过去祠堂还在，快步走过去，发现祠堂的大部分还很好，也有部分建筑破损了，杂草长满了庭院，屋顶的瓦已经损坏，到处显露着陈旧的味道，与我记忆中高大、宽敞的祠堂有些反差，不免生出难过之情。但是转念一想，已是40多年过去，也该物是人非了。

离开小学，转去看大姐的中学，很开心看到中学做了更好的规划，完整的校园里还有漂亮的学生宿舍。和看门的老爷爷商量，告诉他我们从广州来看母校，老爷爷通融地放我们进到学校里面，还请来一位老师给我们介绍整个校园。看到学校捐赠者的名录，我们都很感慨，**大家助教，社会才会发展**。离开美丽的中学，我们开始了寻找旧时居住地的活动，朝着曾经熟悉的街道走去。

走在路上，妹妹和大姐开玩笑说，她一定要留意，说不定等一下会有人突然叫出她的名字来。大姐也兴致勃勃地期待着，认为遇到老同学的概率相当大。她的大部分同学都没有离开湛江，虽然多年没有联系，但是她相信这些同学还在这里生活，说不定真的会遇上。我们一路说着、笑着，走进了以前居住的巷子里。

想不到几十年过去了，小时候居住的巷子竟然一点都没有改变，街道、房屋、装饰、颜色，什么都没有变。这是一个假日的午后，街上静悄悄的，让我们仿佛一下子回到了多年前。如果不是我们自己都长大了、妈妈变老了，我们还真的以为回到了以前的时光。

因为拿不准哪一条街才是我们居住过的巷子，便朝着一户开门的人家走去，妈妈用家乡话和这户人家的一位老人聊天，打听原来住的地方。想不到这位老人家竟然说得出来我们住在哪里，因为她还记得我的外婆。

老人家很高兴地带着我们穿街过巷，来到了我们原来居住的地方,旧时的记忆一下子全都恢复了。就是这里,妹妹记得木趟门,姐姐记得日间编席子的石板,妈妈记得邻居的门框。

我们正指指点点地唤醒着以往的记忆时,忽然听到有人叫妈妈的名字。我们都愣在那里了,想不到在这里、在这个时候,有人会叫出妈妈的名字。妈妈答应着转过身去看,竟然看到了她的小学同学,这实在是太神奇了。

随着这一声招呼,邻居们都跑了出来,这些邻居居然可以叫出我和妹妹的名字,真是太神奇了。可惜的是,我和妹妹对这些爷爷、奶奶没有什么印象。不过自己的名字被记住,还是着实大吃了一惊。几家邻居都围了过来,开心地问长问短,闲聊中才发现,这条巷子的人家几乎都没有离开,只有我们一家人远走东北,其他人家几代人就居住在老宅子里。

认出妈妈的老同学的儿子在巷子里开了一家小士多店,他偶尔帮儿子看看店,巧的是今天下午他刚好看店,结果让他看到了妈妈。邻居们很开心地围着我们,看我们一个一个都长大了,觉得时间过得真快。我站在这些老邻居之中,竟然觉得时间几乎是停滞的,一切都未曾改变。那一瞬间,真是有点时光穿越的感觉。

妈妈开心地和邻居们、老同学聊天说话,孩子们惊奇地看着我们过去生活的地方,觉得一切都很新鲜,我们几个则在慨叹儿时生活的种种。这个时光停滞的下午,显得极其特别而又充满了欢乐。

从巷子走出来,我们拿妈妈和大姐开玩笑,说大姐等待着同学出现,结果空等了一场;而妈妈呢,则有一个小学同学能够在60多年后还记得她的名字,而且还是个男同学,我们认定妈妈一定是"校花"。妈妈解释，那时候小学里面去读书的只有两三个女同学，是很容易被记住的。不过讲到这里，妈妈很感慨地说，都是外婆开放的缘故，她才有机会去读小学。

许是走在老街巷子中的缘故，妈妈也说起了外婆的往事来。外婆嫁给外公时，外公家是当地很有名的商人，可惜的是外公在妈妈三岁时就过世了，外婆一个人带着妈妈过日子。外婆很好强，不愿意裹小脚，认为这样无法干活，所以总是自己悄悄地把缠在脚上的裹布剪开，她因此老是被老人责备，但是外婆非常坚持，很有韧性，结果保留了自己一双美丽的"大脚"。

因为外公经常到外地去，外婆很早就接触到一些新鲜的东西。外婆很佩服有知识的人，因此妈妈有机会去读书时，外婆毫不犹豫地送妈妈去读书。当时很多人都认为女孩子是不需要读书的，但是外婆坚持要妈妈读。

外婆只有妈妈一个孩子，当妈妈随着爸爸到东北生活后，外婆也到了东北，使得我们小时候能够与外婆一起生活。

外婆喜欢干净，穿戴整齐，讲究生活。她总是认真地做着针线活，让自己的衣服合体服帖。

她总是喜欢了解各种新鲜事情，与外界保持着紧密接触，还记得有一次她对来家里的客人讲，改革开放好啊！客人问她为什么，她说家里的孩子都能上大学，都有工作，生活都好。

她特别喜欢聪明的孩子，总是想办法鼓励我们多读书。她常常和我们说的一句话就是"长高！长大！"。小时不理解为什么外婆总是对着我们说这句话，现在想来，她心里是多么希望我们长得又高又大啊！这个愿望在当时的境况中，是一个相当高的理想啊！

小时候家里很穷，但是外婆和妈妈总是把我们收拾得干干净净的。没有新衣服，就把爸爸的工作服改成新衣服，有外婆和妈妈灵巧的双手，我们穿着干净、合体的工装上学。现在想来，工装是牛仔布的，早在20世纪70年代，我已经有牛仔衣穿了，可惜当时不知道这是"国际范"！

外婆的好奇给我留下极深的印象。工作后有了属于自己的房子，我就把外婆、父母接到广州来和我一起住。外婆第一次看到电饭煲，觉得这个东西太好了，不用火就可以煮饭，要求我一定要教她使用电饭煲。

外婆总是很在意衣服是否平整，所以她一直使用熨斗，旧时的熨斗是用火把铁熨斗加热，看铁熨斗变红了，就可以熨烫衣服了。到了我这里，我帮她买了电熨斗，告诉她通了电之后，熨斗变热，就可以熨烫衣服了。

但是外婆一直想等到熨斗变红，等来等去都看不到红色，她决定自己试试温度，就拿起熨斗靠近脸颊，她以为没有变色不会有太高的温度，结果熨斗太靠近自己的脸，一下子灼伤了她的脸。

我听到她的惊叫，跑到厅里看到灼伤脸的外婆，心里很难过。外婆竟然高兴地说："太好了，没变红就有这么高的温度，这下子熨衣服不用担心弄坏衣服了。"我被她的情绪感染，内心佩服外婆接纳新东西的能力。

有时候，我们几个姐妹和外婆开玩笑说，如果外婆生活在新社会，能够上大学，那外婆一定是一个了不起的人物。外婆听我们这样说，也很认同，所以她更加在意我们的学习成绩了。

听妈妈讲着外婆的趣事，不知不觉中太阳快要下山了。妈妈说想去船上吃晚饭，大家觉得这个想法好，便走到海边，循着海鲜的鲜美味道登上了渔船。

这时海浪很平缓，细小的潮声此起彼伏，远处有很多白帆，近处的海面金光粼粼，大海温柔地晃动着船体，也和我们的心一样陶醉了。我们点了很多湛江特有的鱼，回味着小时候喜欢的虾饼、煎堆，喝着番薯粥，就着咸鱼，一切都刚刚好，这个40多年后的湛江夜。

第三天，带着满意的妈妈，我们开车回广州。路上妈妈还在回味着湛江的种种逸事，姐姐和妹妹也在聊着儿时的时光，大家津津有味地听着，5个多小时的车程，很像一段有关老家的时光隧道，路两旁退后的树影，就如掠过的时光。

生活中，能够有时间连接过去是件非常有意义的事情。这种连接，让我们知道来处，知道往昔。

古代会有族谱，一代一代连接在一起，让家族的脉络清晰地记录下来，并传承下去。这种与过去的连接，使得每个人拥有了完整的生命体验，没有空缺，没有虚空；这种与过去的连接，让每个人拥有了生命的沉淀，没有断层，没有脆弱；这种与过去的连接，让每个人拥有了包纳万千的性情，没有恐惧，没有孤单。

生命就是在这种连接中自由地流动着，一代又一代，一世又一世，没有刻意留下任何痕迹，但是又在纯粹的生命体验中得以不断验证，在人的内心中得以觉察。这是彻底的觉察，明了生命自由流动的属性，明了因果变化之律，明了生活的意义就蕴含在点点滴滴之中。

生活美学最重要的是"人的温暖"

● 妈妈做的食物之所以好吃,是因为妈妈保存了传统饮食的记忆,它不只是一个普通的记忆而已,更是对于生活绵延的感知。

国强带着我们从巴黎国际机场转到国内机场,飞去波尔多。知道有雪芹在等候,心里有一种回家的安全感。虽然波尔多、葡萄园以及将要看到的一切,于我都是陌生的,但是因为有一个熟悉的人在,这个城市也因此透着相识的味道。

雪芹的计划是先带我们去吃午餐,然后再回酒庄,车子便顺着波尔多城市外围行驶。雪芹选了一家可以俯瞰大半个波尔多城的餐厅,作为我们来到波尔多的第一餐,这份用心在我们走入餐厅的那一刻就呈现了出来。

穿过圣詹姆斯餐厅(Le Saint-James)的门厅,完全想不到的景致呈现在眼前,门旁的牵牛花竟然有深紫色的,与白色的组合在一起,有着一种独特的质感,一扫我对牵牛花固有的单薄印象。

走到后庭院,一排白色餐布覆盖的桌子,错落摆放在巨大的树荫下,收拢的白伞则成了点缀。桌旁是各色鲜艳的花朵,还有几簇薰衣草透着淡淡的紫色。近处是整片的葡萄园，有工人正在打理葡萄树；远处是流过波尔多的加龙河；再远处就是半个城市的轮廓，教堂的哥特式塔尖以及古老建筑的红色瓦顶，透着历史，也透着繁华。碧蓝的天空，白云如絮且纹丝不动，如果不是身在其中，绝对会认为是用画笔画上去的，不会觉得那是真实的。

真实的是阳光，穿透树叶散落在白白的餐布上，透着光的酒杯、乳白色的餐盘，也无不透着情调。更真实的是餐厅侍应生，举手投足之中满是法国帅哥的极致风范。

雪芹用心为我们点餐，自然会有波尔多的酒。我虽不能喝酒，但是看侍应生带着自主感斟酒的样子，也一样跟着醉了。不同的菜品分别配上了香槟、干白、干红，法餐细腻的程序与质感，也随之铺排开来，味蕾在丰富之中，与视觉一同落入温柔。

语言对我而言是障碍，但是安静地倾听侍应生介绍每一道菜、每一款酒，却能感应到一份美感。雪芹也细致地一一介绍。一顿午餐，一段美的经历，这种感觉真的是极舒服。我们没有匆忙地结束午餐，而是慢慢地品味，慢慢地享用。

我曾经多次到法国，也知道法国人对于生活品质的标准，而这一次带着度假的心情到来。也许是心态的不同，决定用法国人的餐饮节奏来享用每一餐。这第一餐，的确发现了细细品味的美好。

生活中会有很多点点滴滴，有很多你漫不经心、容易忘掉的小事情。**可能在你的人生当中，你并不认为这些小事有多重要，但是当你真正回忆生活感受时，你会发现，正是这些点点滴滴的小事情，唤起那些温馨、美好的记忆。**而大部分美好的点点滴滴，会是与朋友、家人聚餐的场景，一杯香茶、一杯浓酒、一份甜点、一份带着妈妈味道的菜肴，一个欢声笑语的场景。正是这些回忆与感受，折射出你我生活的质感与美好来。

蒋勋先生说："我觉得生活美学最重要的，是体会品质。"圣詹姆斯餐厅完全印证了蒋勋的论断。**生活缺少美的体味，在很大程度上是因为人们过度追求速度与规模，而忽略了真正的品质。**

我之所以这样说，是因为在速度与规模中，缺少了一个最重要的内涵，那就是**"人的温暖"**。现代化有着不可替代的功能，有着从未有过的创造力释放，这是我欣喜与接受的地方。但是，每每站在空无一人的、全自动化的庞大工厂里，我总是有种莫名的失落。

这一刻，坐在圣詹姆斯餐厅中，我忽然明白，这份失落的情绪因何而生，因为缺少了"人"，缺少了"人的温暖"。

技术进步带来的一切品质，让人们的生活在便利性与成本上都有所受益。不过，我认为这些品质透着标准化的味道，高效而便利，却少了美的质感。到沃尔玛或者家乐福，日常生活的便利，在这些地方获得了满足；到麦当劳或者肯德基，餐饮的便利，在这些地方获得了满足。

但是，让生活的质感与美嵌入其中这点，似乎还无法完全满足。究其原因，是因为便利无法承载质感。换句话说，**生活除了便利之外，还要增加一些需要时间沉淀的东西，需要一些关注、用心以及爱的投入，而不仅仅是要便利性与快捷感。**

大家都知道，在一些地方，只要是手工制作的东西，一定是特别贵的。记得在意大利，手工制作的皮具与鞋品，有着家族的骄傲与高贵。一直喜欢二郎寿司，老人家强调对每一块鱼的出品工艺、制作过程的严格控制，要求反复揉搓40多次。

我喜欢在家和妈妈一起做饭，她做黄瓜肉丸最拿手，每次都赢得全家人一致的赞誉。为了保证这款菜的品质，80岁的妈妈依然要亲自去菜市场买肉、选黄瓜，回到家里还要亲自剁肉、切黄瓜，然后手工做肉丸，做出来的肉丸味道真是鲜美极了。孩子会因为妈妈做的肉丸多吃两碗饭，那一刻的赞誉与快乐，让家里充满了幸福。

"手工制作"是对生活美学的重新寻找，是对生活本质的回归与品味。妈妈做的食物之所以好吃，是因为妈妈保存了传统饮食的记忆，它不只是一个普通的记忆而已，更是对于生活绵延的感知。

生活的品味是人们的向往与追求，有意思的是"品""味"都是在讲味觉，所以我非常认同蒋勋先生关于生活美的定义："吃"真的是人类认识美的一个最重要的开始。

很多人认为美存在于讲究的建筑里、优雅的风景里、名家画作之中、华服与装饰之中、舞姿与音乐之中，这些的确是美之场所。不过我觉得，如果在日常的饮食之中，没有美感，没有品质，没有专注与安心的体味，对于美的理解，恐怕是形式大过内容，附庸风雅的成分更大一些。如果回到生活基本面，认真对待每一餐饭，这餐饭所透射出的美，就会渗透在你的品味之中。

在古希腊，接受悲剧是生命的重要部分[1]

● 当人们从剧场中走出来的时候，一般比走进去的时候要高尚一些。

酒神剧场建于公元前6世纪，是希腊历史上最古老的剧场，以希腊的酒神狄俄尼索斯来命名。这座剧场占据了卫城山下靠东的整座斜坡，在这座足以容纳17000人的剧场里，曾经上演过无数场埃斯库罗斯、索福克勒斯和欧里庇得斯的悲剧作品，也上演过阿里斯托芬的喜剧作品。

在雅典，观看悲剧不仅是市民所喜闻乐见的活动，更是城邦生活的重要内容。

我们没有安排时间去参观酒神剧场，但是"为什么古希腊喜欢上演悲剧"这个话题被小新老师提了出来，引发大家的思考和讨论。在我的记忆里，埃斯库罗斯的《被缚的普罗米修斯》、索福克勒斯的《俄狄浦斯王》和欧里庇得斯的《美狄亚》都给过我巨大的震撼，想到其中蕴藏的意义，我吓了一跳。

---

[1] 本文节选自作者的《土耳其蓝·希腊蓝》。

随着电视技术与信息技术的普及，人们把注意力放在最大限度地实现娱乐价值上，就如《娱乐至死》一书中所言："**图像的力量足以压倒文字并使人的思考短路。**"罗伯特·麦克尼尔认为制作新闻节目的奥义是："**越短越好，避免复杂，无须精妙含义，以视觉刺激代替思想，准确的文字已经过时落伍。**"

在一个"只有娱乐才是新闻""只有娱乐才被感知"的世界里，真的令人担心"娱乐至死"啊！的确，没有想过小新老师这个问题，古希腊人为什么喜欢看悲剧作品？顺着小新老师的话题，我也开始问自己这个问题，这个话题引导我注意到了一个现实问题，在今天的现实生活里，**我们一直在回避"悲剧作品"**，我们更喜欢喜剧、结局大圆满或者无厘头的剧目，我们和古希腊人的选择完全不同。

互联网技术的普及，信息爆炸与碎片化，又引发人们更大限度地占有信息而出现信息过载，一些人甚至更愿意躲在"虚拟的世界"里，按照自己所设定的"角色"生活，因为这个"角色"可以完成自己的意愿，而不受外界的影响。自我与逃避、趋利避害成为这个时代习以为常的选择，就如罗伯特·所罗门说的尼采的问题一样，当今的时代如何且为何丧失悲剧概念、悲剧经验，丧失掉那种激发我们意义感和敬畏感的深深失落感，却让我们依然沉迷于碎屑的怪罪倾向。

小新老师的这个问题让我恍然理解了"悲剧"的意义。亚里士多德坚决主张"悲剧"很重要，在其《诗学》中，主要致力于对悲剧的阐述，在他看来，"悲剧是对严肃而完整的、并有重大意义的行为进行的一种模仿。其语言得到很好的趣味加工，不同的部分使用不同的加工方式。它是以戏剧而不是叙述的形式展开的。它通过同情和恐惧达到一种情感的净化"。如亚里士多德定义的那样，**悲剧的意义在于"引起恐惧与怜悯"**。

人们与生俱来的恐惧与怜悯并没有善恶之分，但是如果加以正确的引导便会趋向于善。在悲剧中上演的那些情节很容易让观众联想到自己的生活，对高尚怜悯，自然会倾向于高尚，对厄运恐惧也会由于其不断发散而使自己得到陶冶，**由悲剧所引发的恐惧与怜悯之情，必然在心底泛起一种道德上的自我检讨**，正如狄德罗所说的：当人们从剧场中走出来的时候，一般比走进去的时候要高尚一些。

今天，人们的确在想办法规避悲剧的问题，仿佛我们已经超越了悲剧，仿佛悲剧观念只在古希腊时代或者莎士比亚时代才有其适当性。

我们虽然承认悲剧的存在，但是更希望悲剧是别人的，而不是我们自身的。我们相信技术可以解决一切难题；我们想尽一切办法寻找合理性；最通常的表现，是保持一定的距离来看待悲剧，让自己抽离出来。**但是，也正是这个距离，让我们失去了深刻性和敬畏感，同样也失去了对生命完整性的理解。**

鲜活的生命一定是完整的，当悲剧呈现在面前时，观众并不是为"悲剧"给出一个"答案"，而是**反归内心，思考生命本身的意义，接纳悲剧是生命的重要部分，并为此而感恩**。这种对于悲剧的回应，充分体现出生命的意义与智慧。念及此，虽然没有机会在古老剧场里欣赏剧目，但有关"悲剧"的思考，也已然"净化了灵魂"。

接受"变"的恒常，这就是生命本身

● 我们真正需要了解的是天地万物、芸芸众生，各自都要归于其结果。

大剧场始建于公元前 3 世纪，该建筑混合了希腊和罗马两类风格，是以弗所这座古城节庆及大型演出的主要场所。据史料记载，耶稣的仆人、信徒保罗曾经在这里演说并从事传教活动，著名的《以弗所书》即出自于此。

此刻站在这里，骄阳之下，古老的台阶泛着白光，透着岁月的无情。整个剧场就是一座巨大的山坡，剧场与山完全融为一体，而在山的周边，高大的松树构成天然的装饰。茂盛的松树高耸入云，以其独特的生机彰显着千年废墟的生命力。我试着去理解这一切，却发现有些徒然，这自然之力犹如神明，具有恒久的力量。

阳光依然强烈，继续与巨大的山坡剧场、远处的峰峦组合在一起，唤醒我去感受恒常。这一刻，我想到老子，老子曰："致虚极，守静笃；万物并作，吾以观复。夫物芸芸，各复归其根。"按照老子的方式，修道进入虚无至极的意境，安守宁静，气定神闲，**我们真正需要了解的是天地万物、芸芸众生，各自都要归于其结果。**

漫步在以弗所城，总是有一种伟大而茫然之感。它曾繁荣盛极，凭借海上贸易的便利，成为小亚细亚地区的商业、政治中心，也成为宗教、文化的中心，但终难逃盛极而衰的命运。公元263年，哥特人攻入以弗所，大肆洗劫焚城。尽管后来进行了重建，但随着泥沙不断地淤积于港口，加之地震频发，以弗所逐渐没落。

而今，放眼望去，每一处都显巨大，每一处都是残缺：当初的盛世与人烟，被掩埋在青草乱石之内；无尽的繁华，被自然与欲望挤压，城市最终被放弃。一座繁华城邦转而成为一座小村，以弗所历经的两千多年，能够留下的只是石头、传说与神话，这座超级城市沉寂了，归于它自己的结果。

此次来以弗所，我还有一个小梦想，就是看看赫拉克利特生活的城邦。从我第一次读到"人不能两次踏入同一条河流"时，赫拉克利特之名就牢牢地刻在心里，我开始阅读与他相关的文献，感受他极富情感却又充满辩证逻辑的语句：

这个"世界秩序"对于万物都一样，既非神灵也非凡人创造，但它过去、现在和将来永远是永恒的活火，按照一定的尺度燃烧，按照一定的尺度熄灭。

清醒的人有着一个共同的世界，然而在睡梦中，人人各有自己的世界。

一个人如果喝醉了酒，那就被一个未成年的儿童领着走。他步履蹒跚，不知道往哪里走，因为他的灵魂潮湿了。

人们不知道变化的东西是如何与自身相一致的。这就是对立面冲突的调和,就像琴弓和七弦琴。

博学并不能教一个人拥有智慧。

妄图在人群中找寻存在价值是注定要失望的。你会发现,人性原本该有的闪光点早已被自身的愚钝与轻信掩盖。

与心做斗争是很难的,因为每个愿望都是以灵魂为代价换来的。

当然还有那句最著名的:**人不能两次踏入同一条河流**。他虽然只给后世之人留下50多页的《赫拉克利特著作残篇》,却让我们获得了超越时空的思想生命。

他放弃继承王位,让给兄弟,自己跑到阿耳忒弥斯神庙附近隐居起来。波斯王大流士邀请他去做太师,他说:"我对显赫感到恐惧。"他只喜欢渺小的东西,同孩子们玩掷骰子的游戏,他因"万物皆流,无物常驻"十分悲哀地痛哭。他说:"人在黑夜里为自己点起一盏灯。当人死了的时候,却又是活的。睡着的人眼睛看不见东西,他是由死人点燃了;醒着的人则是由睡着的人点燃了。生死、睡醒互相点燃。""死亡就是我们醒时所看见的一切,睡眠就是我们梦寐中所看到的一切。"

而今,我们处于"巨变"之中,万物皆流,万事皆变,我们是否也可如赫拉克利特般,洞穿世事,敬畏自然,远离显赫,"在黑夜里为自己点起一盏灯"?

"**太阳每天都是新的,永远不断地更新。**"这是他另一句世人皆知的名言,透露了他乐观的一面。虽然他被称为"哭泣的哲学家",但他更相信每个人,也希望每个人相信自己,他说:"每个人都能认识自己,都能明智。"

我很喜欢赫拉克利特,在希腊哲学家里,如果以喜欢程度打分的话,他在我这里会排在第一位。我喜欢他的原因是,他所有的洞见在你可理解的范围之内,这种洞见根本不需要动用反思分析,不需要借助其他经验,你自己就可以直接回应。在更多时候,每次与他交流,你都会被唤醒、被激发,就如他站在你的眼前,敲醒你的内心。

晚年的赫拉克利特更是纯粹到了完全自然的境地,吃的是树皮与草根,离群索居,那双高傲的眼睛始终仰望苍穹。他走过山间,穿越森林。因为不食人间烟火,终日只吃草根、啃树皮,他得了水肿,他说:"对灵魂来说,死就是变成水。"这个隐喻竟然在这位哲人身上应验了,最后真的是被"水"灭了。

赫拉克利特曾经仰望过的苍穹,而今依旧陪伴着废弃的城邦,就如他所遗留下来的文字,依旧陪伴着今天巨变的世界一样。**我们因为有他的陪伴,在巨变中,可以相信自己的明智,也会接受"变"的恒常。**

学会接受

● 现实好像在和我们开玩笑,当知识和经验足够强大时,我们会发现更大的不安涌现,这更大的不安不再来自能力和经验,不再来自知识和逻辑,而是来源于自己的内心以及无法认清自己、认清世界的迷惑。

我们大多数人都是在知识的范畴中展开对世界和对人生的认识,因此我们被训练用逻辑来了解和判断身边的事物。在接触世界时,逻辑成为人们思考的主要规则,符合逻辑几乎成了最重要的评判标准。

那么什么是逻辑呢?传统的逻辑主要讨论三种内容:概念、判断、推论。

"概念"是指我们平常所使用的名词,如月亮、花、树木等,任何可以想象出来的名词,都称为概念。人们为了相互交流的一致性,为每一个概念赋予了"意义",由此可见,概念并不是这个事物本身的表达,而是人们为了交流所赋予的意义。由此可知,**每个人对概念的理解,都会有一些个人的经验所形成的特殊的认识。**

记得自己刚刚考上大学,从东北的偏远小镇到广州后看到"自来水"时的惊讶,虽然在中学的课本里知道"自来水"这个概念,但是因为完全没有经验，无法想象"自来水"是什么样子，所以当"自来水"真实地出现在我面前时，我发现它超出了我的想象，我激动地跑回宿舍写了一封长长的信给中学班主任，只为告诉她"自来水"是什么样子。不同的人，因为经验的不同，对于概念的理解会有着千差万别，依靠"概念"确实无法理解真实的存在。

两个以上的概念结合在一起，会形成"判断"。任何一个完整的想法或者句子，都是一个判断。判断又称为命题，当人把主张表达出来之后，就变成客观命题，可以让他人看到、听到，甚至可以研究真伪。

我们先撇开概念是否能够表达真实不谈，单就判断本身做出思考，也会发现，所谓客观的命题也并不是一个真实的命题，而是一个人自己的主张，借助于判断传递给他人。

比如说，天气很冷。这是一个判断，这个判断来自提出这个命题的人自己，也许他会借助于天气测量的工具，用 –10℃来证明，但是他无法了解到，对一个生活在南极的人来说，这是一个热的天气。因此判断本身也受制于人们自己的经验和局限，并不是你自己所认可的那样，这并不是一个真正客观科学的评价。更何况加上概念本身的局限性，判断与真实之间的差异可想而知。

推论就是从既有的判断推衍出新的判断。在逻辑上称为推论，在日常生活中称为推理，包括直接推论、三段论法、两难推理。

在学习哲学的课程中，推论的课程是大家最喜欢的课程，因为在这里，每个人都有机会运用推论，把别人的判断打破，每个人都能充分运用自己的聪明甚至可以说是狡猾来战胜别人。

有一个著名的例子，古希腊哲学家普罗泰戈拉是智者派的代表人物，专门教别人如何辩论。有一次他看到一个年轻人资质非常优秀，就要这个年轻人跟他学习辩论。这个年轻人家境清寒，普罗泰戈拉准许他学成之后再交学费，他与这个年轻人约定说："你毕业后去和别人打官司，如果打赢了就代表你学成了，那个时候就要付学费给我；如果打输了就代表没有学成，也就不需要付学费了。"

这个学生毕业后，打赢了很多官司，但就是不交学费。普罗泰戈拉对这个学生说："我现在要去告你，如果法官判决你胜诉，那么按照我们的合约，你应该付我学费；相反，如果法官判我胜诉，那么按照法官的判决，你也应该付我学费，因此，无论法官判你胜诉或者我胜诉，你都该付我学费。"这个学生听了以后回答说："如果法官判我输，那么按照我们的合约，我不需要付你学费；相反，如果法官判我赢，那么按照法官的判决，我也不需要付你学费。因此，无论法官判我输或者赢，我都不需要付你学费。"事实上这是一种诡辩。

这个例子可以很好地让我们理解，如果我们基于"自我"的立场来判断事物，是无法真正找到事物本身的，就如普罗泰戈拉与这个学生，"输与赢"，按照他们这样的推论，能够真实存在吗？

无论是概念、判断、推论，都无法真正表达客观事实，这也是人类自己认识世界的局限性所在。我们依然可以接受运用科学的方法来认识世界和人生，只是需要知道只有这一个方法是不够的，从某种意义上来说，科学的方法是人类认识到自己的局限性而采用的一个方法，科学本身也正在不断地回归到自然的根本中。

除了科学之外，人们学会通过另外一种途径来认识世界和认识人生，这个方法就是对于"空性"的理解与把握，也就是离开概念来把握。

对"空性"的理解的确需要克服很大的困难，因为我们已经习惯了用语言和概念来认识世界，概念的设立帮助人们得以交流，并通过判断与推论认知"自我"。所以我们还是习惯于用概念来认识世界和人生，用"自我"来判断周边的人与事物，离开了这些概念和经验，我们会不安、会惶恐，会感觉到自己被周围的生活所抛弃，甚至担心自己是否符合这个社会的潮流，是否能够在与大家达成共识中获得安全。

这一切使得我们越发在意外部的变化和评价；越发增进自己的知识、概念、逻辑和判断；越发依赖经验和自己的能力。这些已经成为生活的习惯，也成为我们保护自己的经验。

现实好像在和我们开玩笑，当知识和经验足够强大时，我们会发现更大的不安涌现，这更大的不安不再来自能力和经验，不再来自知识和逻辑，而是来源于自己的内心以及无法认清自己、认清世界的迷惑。曾经苦苦追求的目标终于达成，带来的并不是快乐，而是空虚；曾经认为极其重要的东西终可拥有，带来的并不是满足，而是负担。这样的感觉越发出现在我们的生活中。就如一个普通的母亲，一直盼望着孩子长大，而当孩子真的长大离开的那一天到来之时，母亲并没有感受到喜悦，而是感觉空虚与难过。

一次和姐姐聊天，祝贺她的孩子开始工作了，但是姐姐并没有我想象中快乐，她说因为孩子工作了，不会在周末时回家，她觉得家里很空，孩子不会再陪她逛街，假期也不能和她一起去旅游，她觉得很不习惯,甚至会有些许失落,这就是母亲期待孩子长大之后的感受:失落与孤单。

此时发现,我们之前所追求的东西、所积累的能力和知识、所取得的成绩或者成功,还是无法让我们对未来有美好的把握。一切外在努力的确无法解决我们"自己"的问题,回归本心该是选择的出路,让"自我"变成"性",变成"空"。学会放下,学会包容,学会接受,不安就会减少,失落就会减少。

脑海中再一次响起仁波切的声音:"一切真实是梦幻,没有固定的。万法如梦如幻,一切都是假象,这个观念要有,而内心要有无所不在的观念。"这个时候再看奥修的《没有水,没有月亮》,终于理解了千代野所顿悟的"空在手中",不需要执着于概念本身,也不需要太过在意自己的经验和知识,每一个概念并不代表事物本身,要终止我们的心对于思考和研究的无尽渴求,让心不再依赖无尽的思维、分析和判断,不再用自己的理解来做正误的判断,学会放开自己,唤醒对于空性的理解,就如爱马仕的老板那样,面对仿冒品,没有生气,反而更加得意,还买来仿冒品学习和研究。

"空"是什么,空不仅仅是包容,空更是坦然"接受"。

让心安住，一切都会美好

● 要学会放掉自己，回归本心，让心完全地放松，没有压力，没有想象，也没有任何其他的干扰。

打坐训练的过程让我了解到"安住"是一个极难获得的心境。到现在为止，我依然没有把握可以顺利进入安住的状态，不过已经开始要求自己去达到这个状态。

▶ 01 安住是止，一种定境

心安住在哪里呢？安住在钱财上，钱财可能会失去；安住在名气上，名气很难长久；安住在情感上，情感会变化；安住在平庸中，平庸难以忍耐。

心好像无处可安？佛陀教我们安住在禅定上，所谓"以定安住，一切皆定"。**安住是止，一种定境，心能安住，才会看到事物的真相。**

义明为了能够让我们有一个安静的氛围来练习打坐，专门选了不丹的芝华林酒店，整个酒店只有45间客房，几乎没有什么外在的干扰。在房间里从任何一个方向望出去,都是天空、云朵、树木、河流、草丛、懒散的马儿以及飘扬的经幡。

按照义明的安排,每个人只能待在自己的房间里,不能彼此说话,只有听仁波切开示时,可以和老师讨论问题,每天只有一个小时可以交流静修的问题和想法,这个时间段交给乌金堪布来主持,其他时间我们只能自己面对自己。三餐都是由酒店的服务员送到房间,闭关的这几天就连服务员也不可以进到房间,所有的物品都只能摆在门口,我们自己开门取,完全杜绝与外界的交流。

就是在这样封闭的、完全空明的环境和氛围中,一个人面对自己,让自己安静下来还是不容易。**从表面上看,我们每一个人都"安静"下来了,但"心"真的安静下来了吗?**的确没有那样容易。

我第一次练习数息时,简单的 21 次呼吸,连贯数下来、没有任何的停顿、没有任何分心、没有任何疑惑,完全倾听自己呼吸的声音、完全让心只属于呼吸,发现真是很难做到。

在最初的一天里,训练让自己逐渐明白,让心安静是需要完全放松、完全放下,不能联想、思考、反思,甚至不能反省。就是要学会放掉自己,回归本心,让心完全地放松,没有压力,没有想象,也没有任何其他的干扰。

当真的可以倾听到自己的呼吸,没有任何杂念,没有任何的思考,只是静静地、空空地待着时,的确体验到"我"也不在的空明。不过,这样的状态的确不容易持久。

▶ 02 "自我"其实是"我执"

让心"安住"真的很难,因为这需要把"自我"完全放掉。可是"自我"一直伴随着我们生命的历程,甚至可以说,我们在生活中感受到的一切,都是"自我"在感受,我们的快乐和痛苦,也是"自我"所感受到的快乐和痛苦。在我们学习成长的过程中,最重要的成长是关于"自我认知"的成长。德尔菲神庙上刻了两行字:**一行是"认识你自己";一行是"凡事勿过度"**。

在现实生活中,"凡事勿过度"比较容易理解并可以体行;"认识你自己"却是一件困难的事情。我们经历了从小到大的学校训练,借助于科学与知识了解自己;我们经历了日常生活中的种种训练,以为经验和教训的积累可以帮助自己认识自己。但是,更多时候会发现,我们并不了解自己,遇到一件事情,或者听到一个人的教导,甚至看了一本书,都会彻底调整自己,变成一个和从前完全不一样的人。**尤其是经历过大病、危机以及灾难时,一个人会完全改变自己。**

那么,到底哪一个是"自己"呢?

雅斯贝尔斯编著《历史的巨人:四大圣哲》这本书时,他以苏格拉底、佛陀、孔子、耶稣四位为典型,以此研究东西方伟大哲人的观念与作为,他写道:"他们的生命核心,在于体验了根本的人类处境,并且发现了人类的在世任务。"在他们身上,人类的经验与理想被表达到最大限度……他们真实的生命与思维方式,已经构成人类历史不可或缺的要素了。他们成为哲学思想的来源,同时激励人挺身抵抗——抵抗者通过他们的表率,首先获得了自我觉悟。**我用自己最粗**

浅的知识和阅历来理解这一切时，对于"自我"的肯定成了最重要的认知。

也许你并没有经由我这样认知自我的过程，但是肯定自我、相信自我是非常普遍的现象。也是源于对自我的肯定，人们开始不断为"自我"而努力，甚至不惜任何代价，只为了让"自我"优秀并获得成功。"自我"非常聪明，可以为了自己的目的而利用一切资源，可以打着"利他"的旗号去做自己想做的事情。

"自我"在藏文中称为 dak dzin，意思是"我执"。因此，"自我"可以界定为不断执着"我"和"我所有"，以及因而产生的概念、思想、欲望和活动。这个界定可以帮助我们很好地了解自我，从而看清自己所做的一切。我们之所以不断实现自我，努力去呈现自我的光芒，是因为在生命深处，我们清楚地知道，**"人无法真正地了解自己"**，所以自然而然地把自己交给了一个可以用外在标准来衡量的"自我"，这也是人们即使获得成功却依然困顿、即使实现目标却依然痛苦的根源所在。

这一刻，我忽然明白之前自己认同的"无我"并不是真正的"无我"，因为要求自己达到这种境界的评判标准还是"自我"，还会很在意自己对于所做的事情的评价。我可以做到不在意别人的评价，听从自己的内心去做事情，原以为自己是安然了，因为不受外界影响，只是按照自己的标准去做事情，但是现在醒觉，自己所谓的"内心"依然是"自我"，不是佛法所说的"心"。一件事，无法达到自己的内心标准时，会不开心甚至痛苦；达到自己内心的标准时，会快乐和满足。由此看来，还是没有真正地"安住"自己的"心性"，只是觉得

"心安"而已，并不是"安心"，也是假象和幻想。

▶ 03 让"无我"融入日常生活习惯中

仔细地回想，人的一生中会有一些完全"无我"的状态出现，这个状态出现时的幸福无以言表。比如和家人一起出游，一路上欢歌笑语，唱着唱着忽然感觉好像有那样一刹那间的停滞，时空都静止不动，**看到母亲、兄弟姐妹的快乐，觉得人生实在是幸福，别无所求，外在世界的成败得失根本不值一提，只要和家人在一起，只要家人快乐和幸福。**

有时遇到一本好书，就让人忘了自己身在何处，那份愉悦从内心升起，在读书的前一刻还在懊恼，而这一刻就完全忘记了，全然没有了。有时在晨练的光中，惊喜地发现嫩嫩的绿芽展开了，那一刻觉得心也在一同展开，好像和这绿芽没有任何隔阂，彼此已经融合在一起。

这些体验帮助我去理解"安住"，同时也会发现，"无我"时都和快乐与美好组合在一起。

在不丹禅修，有两件小的事情让我深深地感动，一件是，我们坐在冉江仁波切的庭院里听课，一只苍蝇刚好飞到仁波切喝水的杯子上，只见仁波切一边继续讲课，一边小心翼翼地去取这只苍蝇，并细心地把这只苍蝇放在自己椅子扶手的外边，看着它安全地爬走，然后才拿起杯子喝水。**我静静地看着仁波切做这件事，看着他熟练而轻巧的动作，随意拿着杯子喝水的样子，内心很感动，觉得很美。**

另一件是和每天接送我们的司机有关。一天，司机照常送我们去仁波切家听课，我们到得早了一点，就在路旁等候开门，司机也陪着我们站在路旁。我忽然发现司机蹲下来，小心地去捡什么，我仔细看，才看到地上原来有一个小小的虫子，大概是甲壳虫一类的小虫子，只见司机把虫子放在手上，走到路旁一棵树旁边，把虫子放在树上，看着它爬走后，才回到我们身边来。**我看到司机走回来时，赶紧把自己的目光移开，内心的感动却持续了很久，不丹人的美就是这样，单纯而真诚。**

我能够接触到的不丹人很少，但是这些习以为常的动作，安静而和谐的习惯，如果不是内心完全的认知，如果不是内心单纯、安静，无论如何也是做不到的。我终于理解了仁波切所强调的道理：**"安住"并不是通过逻辑来达成，必须是通过打坐的体验来达成。**我还没有完全学会打坐，但持续努力的愿望由此被一次次加强。

有人问禅师，什么是"禅定"，禅师回答说：**吃饭时吃饭，睡觉时睡觉。**这就是禅定了，多么简单的要求，然而回想我们日常生活中的种种行为习惯和生活现象，就是这样简单的要求都无法达成，许多牵绊已让我们的心疲惫不堪。**还是安静下来，每个人都如不丹人那样，回归到最基本的状态，珍惜拥有、珍爱生命、真诚生活，一切都会美好起来，愿我们的心可"安住"。**

如云在天，如水在瓶

● 自由自在，单纯朴素，身心调柔，流动无滞。

今天有小雨，似乎与雨很有缘分，或许雨很懂我的心，以前看林清玄的书，很是记得对于游方僧人的称谓："云水"。

我很爱这个称呼，以我的理解："云水"即是**如云在天，如水在瓶，自然生活着，人生的意境不过如此。**

"云水"所呈现的正是一个人从心灵到生活无可比拟的自由与高洁，它不只是对生活四处流动的描写，也是人格高洁的象征：**自由自在，单纯朴素，身心调柔，流动无滞。**

也许因为如此，我最爱两枚刻章，一枚是"花雨静思"，一枚是"掬水月在手"，可惜后一枚在两次搬家之后找不到了，本想再刻回，但因为选不到喜欢的石材拖至今日。

今晨猛然因雨觉悟，"云水"之境该是随遇而安，又何必苦苦地去选原有的、自己意念中的石材呢？"掬水月在手"的本意该是另一种概念，回去家中快快刻出才行，自己还是俗眼。

这两天或许是身心放松，每天可以静静地听音乐，坐在桌前与心对话，反而想到禅比较多。生活在现代社会的人，已经很难想象云水僧人的生活，那是因为我们在低劣的物质主义波涛下，在冷漠的机械化的风浪中，很少有人能够在安静的地方和安静的时间来安身立命。

有时常常认为，现代生活的快节奏对人的品质是一种损伤，是否一如别人所言：人类有了文明，却没了文化。竞争、速度、目标和愿望、技术等都是文明的象征，而**反求内心、回归朴质、静心养性**这些文化的印记已经成为奢念，今天的文化是星巴克的咖啡店、麦当劳的气息，很怀疑自己是否适合这个社会。

前几天看学生们谈论今天的爱情，只是感觉有很多物欲的东西。可是我一直被考琳·麦卡洛的《荆棘鸟》那凄厉的传说深深感动，那是一种心灵的恒久震撼。

传说中的那一只鸟，毕生只唱歌一次，但是歌声却比世界上任何生灵的歌唱都悦耳。它一旦离巢去找荆棘树，就一定要找到才肯罢休，它把自己钉在最尖最长的刺上，在树间婉转歌唱，直到死亡。

它这是以生命为代价的歌唱，这是世间最凄美的绝唱，这不仅仅是一种生的态度，更是一种感动天地的爱的方式。也许人间有一种情，一生只能拥有一次，只有在忍受了极大痛苦之后，才能达到尽善尽美的境界。只是今天有多少人会这样追求呢？

"采菊东篱下，悠然见南山"，这是一千五百年前的魏晋风范，一直为我所心仪。今夜，因为窗外的雨，我眺望夜空，内心祈望上苍赋予我同样的赤子情怀。但在冥冥之中我知道，那种骨子里无拘无束的浪漫精神已成千古绝唱，而随着年龄的增长和阅历的累积，这种返璞归真的境界已经成为向往。

人也许只是自然与精神之间的一种过渡。古人说，"雁过长空，影沉寒水"，深切道出了极限不可超越的无奈。毕竟鸿雁飞得再高，也逃脱不了影落水底的命运。于是有人提出了一个折中的办法："像上帝一样思考，像市民一样生活。"可是现实中你会发现，哪一边你都无法做到，反而会让自己陷在一种困境中不得自拔。

我们向往崇高的痛苦，却沉迷平庸的快乐；我们渴望伟大的失败，却为一点点的成功沾沾自喜；我们想念自然的美，却追求人为的形式；我们更多是在别人的标准中肯定自己的行为。

想起了画家夏加尔的《散步》，他将自己入画，高高扬起手臂，拉着自己的妻子让她在空中飘浮，这是近乎飞翔的散步。这位现代派的艺术家用充满梦幻和抒情的笔墨向世人展示超越现实的美妙境界。毕竟，**天空中有个永恒的春天，在那里所有的梦想可以疯长，于是冬至如春天。**

PART

6

真正的富足

要有同情心，要有责任感。只要我们学会了这两点，这个世界就会美好得多。

在一个缺少真诚的环境里，你更需要听从自己内心的指引，去做满心喜欢的事情，去积蓄自己内心强大的力量。

生 长 最 美 ： 想 法

生命之实在，在于对自我的激发

● 随着人的自我成长，人之强大有着一种最诱人的魅力，让人产生一种不可战胜的幻想。

罗马是我最喜欢的电影《罗马假日》的拍摄地，不仅仅因为赫本绝佳的表演，还因为那个"测试谎言"的传说、"许愿池"的典故，更因为相信纯真与欣赏的情感。我们就沿着《罗马假日》的路线，寻找着每一个镜头、每一个景致，感受着这个属于我们的罗马假日。

建于公元70—82年，现仍保存得极完整的椭圆形古竞技场，昔日猛兽之咆哮声、英勇斗士的急促呼吸声、王侯将相的喝彩声，仿佛依稀可闻。

仰望万神殿，这座公元前27年始建，罗马早期优美的建筑物，因为曾被当作基督教堂，得以特别保护留存至今。

走进教堂看到巨大的穹顶，中间一个圆洞，让阳光直泻而下，光线随着时间移动，产生神圣的光影。

这巨大的体量和完美的形式创造了一个极为完整、单纯、统一、和谐而宏大的内部空间。站在这空间中，心中感受到罗马人崇高而宏伟的审美理想。

带着妈妈排队等候时，把手放在大大的狮子口中，感受一下公主当时异样的心情。来到特莱维喷泉前，拿了银币用左手绕过右肩往池子里扔一枚，也许下愿望，期待成真。坐在西班牙广场边上，用同样的喜悦去享受属于自己的罗马假日：公主在她的罗马假日中感受到纯真美好的情愫，妈妈在她的罗马假日中感受到儿女长大之后回馈给她的浓浓感恩之爱，我们在自己的罗马假日中感受付出努力之后得到的喜悦。

罗马行程中最后的部分，是游览全球天主教徒心向往之的梵蒂冈。担心妈妈走得辛苦，租了一辆轮椅让妈妈坐着参观。一路上，都是孟赞推着妈妈，遇到转弯楼梯道，还需要一起抬着轮椅行走，多谢孟赞全程呵护，让妈妈能够安心地欣赏这一切。

走进历时120年才建成的圣彼得大教堂内，立刻感受到神圣的氛围，这个由米开朗琪罗设计、全世界最大的教堂带给我的震撼，无法完整地描述和表达。教堂内部装饰华丽，华丽到令人惶恐不安、令人窒息。西方建筑的大穹隆，外张、饱满、充满力度感，给人以深刻印象，与中国建筑完全不同。中国建筑的屋顶处处是凹曲线，给人内敛、谦逊的感受。望着宏大的穹顶，想到中国建筑与西方建筑的不同，这个差异让我感悟良多。

安静地推着坐在轮椅上的妈妈，随着人流走在教堂之中，大殿内有很多巨大的雕像和浮雕，大殿的左右两边是一个接一个的小殿堂，每个小殿堂内都装饰着壁画、浮雕和雕像，最著名的是米开朗琪罗的《圣母哀痛》雕像和一座圣彼得的青铜塑像。站在米开朗琪罗设计的穹顶下抬头往上望，你会感到大堂内的一切都显得如此渺小。

进入圣彼得大教堂内部,第一眼看上去实在无法领略其宏伟的规模,当一步一步走入其中,才会发觉其宏大与深远,而所到之处,所领略到的作品更是让人流连与深思。

最令我惊喜的是,终于可以看到米开朗琪罗在西斯廷教堂所绘制的《创世记》了。在这间短廊式的 500 多平方米的天顶上,米开朗琪罗除了完成全部壁画,还要加上装饰。但在当时,除了配制颜料的助手外,没有第二个人肯上 18 米高的脚手架上帮助他。他独自仰卧在高高的脚手架上,未干的颜料不断地滴在他的脸上,很快就积了厚厚一层。人们无法想象,他是以怎样的毅力来完成这浩大而艰巨的工程的。当他走下脚手架时,眼睛已经受到严重损伤。事后,他连读信都要把信纸放到头顶上去。画家整整花了 4 年零 5 个月的时间,才完成了这项浩大的工程。

来到西斯廷教堂的人很多,大家都安静地站在教堂中,仰头屏住呼吸去看"上帝之手",看神如何唤醒了人。我惊讶于画家所创作的上帝之手竟然是如此虚弱、无力。仔细地去理解和感悟,忽然明白,这不正预示着人在自然中的作用吗?我为米开朗琪罗对自然的理解的深邃而感动,这是受着禁忌的原始想象力,当这种力量迸发出来时,与所谓的"人性""神圣"组合在一起,让人不禁内心震动。

人由"虚弱"而起,展开属于自己的历程,人若自己没有内在的力量,则无法获得生命。生命之实在,在于其内在驱动力,在于对自我的激发而不是借助于外力,哪怕是上帝之手。

随着人的自我成长,人之强大有着一种最诱人的魅力,让人产生一种不可战胜的幻想。**然而不管自我的力量如何强大,在自然面前,**

人如果不知道自己的弱小，感受到的会是茫然和无助。

极盛的罗马帝国盲目扩张，依然无法逃离自身的局限，最终还是依宗教信仰而获得了归宿。我们也本该如此认识自己啊！

走出教堂，把轮椅还给客户服务中心，牵着妈妈的手，来到圣彼得广场。圣彼得广场建成于1667年，主持设计施工的是一位那不勒斯人，他的手笔赋予了广场上排成四行的284根托斯卡纳式柱子永恒的生命，柱子上方那美妙绝伦的圣者塑像，近400年来一直诉说着当年这个才华横溢的建筑天才的名字：贝尔尼尼（巴洛克艺术之父）。从更远处看过去，宏大、对称、端庄——被展现出来，人在浩瀚的宇宙之中，既感受到人性的光芒，也拥有了神性的尊严。

属于我们的罗马假日结束了，我们会回到日常生活的轨道中，妈妈又回到帮助我主持家务的角色当中。唯一不同的是，浸染了意大利风情的妈妈，也开始有品尝红酒的兴趣，也学会用橄榄油配面包，偶尔也吃吃蔬菜沙拉。很开心地看着妈妈在日常生活中点点滴滴的丰富化、情趣化，越发觉得生活变得有滋有味了。

施予的人生是不平凡的

● 人生最重要的是学会如何施爱于人,并去接受爱。

对德国的印象是路旁、乡村、街市以及每一个窗台开出的灿烂的花、满目的花,衬着碧蓝的天空,衬着碧绿的草地,日耳曼的稳重、自律和对美的追求在这一片灿烂的花中融化开来。

在广州,我们也是生活在花中,甚至我生活的这个城市就叫作"花城",只是为什么感受不到德国的这种味道、这样的灿烂和宁静?方敏带我去看她在中山设计的东盛花园,整个小区都让一楼镂空,种上绿草和鲜花。她给我介绍她的设计理念:你一进小区,一眼就可以毫无遮拦地看到整个空间,看到整个绿地与花丛。当我站在小区的前门,望过去时,猛然明白,**当鲜花变成是为别人展示时,你才会感到赏心悦目。**

我们养花的习惯是放在自家的庭院中、自家的窗里面。德国的花是在窗台之外,是在街市上、行人中。这是否只是生活习惯或者生活环境的不同而已?好像是又好像不是。想到《相约星期二》中的莫里教授,他在用生命上的最后一堂课中一遍遍重申:

人生最重要的是学会如何施爱于人,并去接受爱。

爱是唯一的理性行为。

在这个社会，人与人之间产生一种爱的关系是十分重要的，因为我们的文化中很大一部分并没有给予你这种东西。

要有同情心，要有责任感。只要我们学会了这两点，这个世界就会美好得多。

给予他们你应该给予的东西。

把自己奉献给爱，把自己奉献给社区，把自己奉献给能给予你目标和意义的创造。

问题的关键是：施予。

当花置于窗外，那是一种施予，让美成为路人的标识，养花的人心里想的是别人，想的是传递灿烂和笑容；当花置于窗内，那是一种占有，让美成为个人的标识，养花的人心里想的是自己，想的是孤芳自赏和自怜。

有时我们会觉得人们不够宽容，有时候我们会觉得人们不能够理解，有时候我们又觉得没有分享的快乐，有的只是距离、埋怨、防护和自我保护。当生活陷入这样的境地，人们就进入了一种怪圈，怎么也无法出来。更有甚者，当相爱的人不再相爱时，竟有人会走到伤残的歧途，而用"爱"掩盖了自私的欲望。所有的这一切，应该说都是一个原因：不能施予，只能占有。

可是当你在任何情况下都不能放开"我"而成就"别人"时，你又怎么成就你自己？**若是说，我们应该集中力量做一件主要的事，现在就是时候了，这件事就是：放下"我"，学会施予。**

今天的社会，从整体来说，是在衰退，是在默然，而不信任的潮流和世俗化、物欲化的力量，如狂风、如巨浪，越来越大。这一切都来源于人自身的欲望，所谓"使人随我欲"正是这一切的注脚。因此现在应该是放下"我"的时候了，我们应该记住的和我们应该倾全力去做的，只有一件事：施予。

施予，源于"有所为的自我"，具体的表现则是服务、分享和尊重。施予不求回报，因为它本身就是一种报酬。因此在不抱任何期望、奉献自己时，才能给予别人帮助；在助人的过程中，我们更可发挥己长，了解自己的潜力，利人利己。

施予的人生是不平凡的。主动地奉献，使人超越责任和期许的压力，彻底实践生命的目标，而生命的目标透过施予行为生出力量。总是为圣雄甘地感动，总是为南丁格尔感动，总是为雷锋感动，为什么他们使我们感动？我们感动的是他们不平凡的生命。感动之余，应该确信，正是他们关注的焦点不再是自己的生活享受，而是自己能够给予什么，就是这份希望，希望生命多一份意义、一份肯定和一份喜悦，才造就了这许多不平凡的生命。

只要你肯投入，你就能够施予。喜欢全身心地投入，就是说，不管你做什么，你应该真正和他们（人和事）在一起。讲课时，就尽全力把注意力集中在课程的内容上，不去想自己的容貌、动作、语气，只是投入课程中。在和学生说话时，想的只有学生，最后，得到什么？得到了做老师的价值。

明峰写道："平心而论，课上讲授的并不是高深的理论，也没有讨论所谓敏感前沿的问题。他们不要学分，不要休息，甚至逃课或者离开工作，只为早早来到华南理工闷热的课室里占下座位，一连两天，如此辛苦，他们得到了一些什么收获呢？学生们得到了什么呢？

"他们听到的是温情，是劝导，是对以后人生的提醒与忠告，是很多独特精准的创见，是在这烦嚣城市中的一缕梵音，他们看到的是作为人的那种真正不朽的美丽，他们感受的是人间最纯最真的感情。这是一种智慧的感情传递，这是一种优雅的情感交流，这是一个教师所能达到的一个极端（还有另一个极端是因权威与尊敬产生的。也许我们可以称之为敬爱和亲爱的区别吧）。"

座无虚席的课室，门口拥挤的脑袋，还有偶尔因座位争执的微红眼睛，久久不肯停息的掌声，一而再、再而三送上的鲜花，追到楼外车旁献上精致礼物时的手足无措——说明了一切，见证了一个教师所能享有的辉煌。

其实，没有学生又哪里会有做老师的感受呢！想起《巴黎圣母院》的敲钟人，那一声"美"的慨叹，才是美的真正含义。

德国街市、窗台外灿烂的鲜花，装点了日耳曼文化的包容、尊贵、理性，也祈愿广州的"花城"绽放出施予的芳香，不是"室雅何须大"的感受，而是花香满径。

什么才是真正富足的人生

● 对我来说，能够单纯地思考、简单地做事就是最好的状态。

中学时期，我遇到了一位特殊的老师——李铁城老师，他是书法家，也是古文造诣极深的老师，那个时候并不了解他的功底，只是很佩服。我中学毕业后，李老师调回郑州，20年没有见面了。

20年后又见到满头华发的老师，在一间极其普通而简单的书房里，他写出了被誉为五四运动以来阐述人生问题最为精辟的惊世之作《新道德经》，用心血铸成了《祭炎帝文》《轩辕黄帝之碑》《孔子之碑》等流传甚广的杰作。正如老师所言："我是一个孤独的人，我始终处在孤独中，但我是一个独立的思想者。"

从郑州回来，我一直沉浸在与老师的交谈中，再看老师送的诗词作品，回想老师对于物质生活的淡然，越发了解，**品格与境界是由于内心的思想而丰满的。**

从20世纪80年代开始，人们突然对物质和金钱产生了过度的期望和热爱，所有人都在谈论如何赚钱，所有人都在做"创富人生"的规划，这似乎成了一种时尚、一种价值观，甚至一种境界。对此，我一向持有异议。

　　这种现象的出现，是在大家的心目中物质至上的结果，因为在很多人看来，在一切需要数据化的时代，不能够用数据标价的都是不值得关注的。

　　如果这是一种潮流的话，李老师的生活方式刚好相反，他一生与金钱无关。他曾经被深圳的一家企业聘请，但他还是选择回到书斋，与书本为伴。20年后的今天，他证明了自己放弃赚钱的选择的正确与价值，他说："如果我不回来，我不可能写出《新道德经》。"反复吟读老师的作品，会感到一种悠然的舒畅之气，稍做思考就会明白，我们活得匆忙和烦躁，正是我们已经缺乏这种纯粹的生活能力所致。我无法评价李老师对于名利得失的看法，但是，一个置身于经济社会的现实世界中，能够安然于自己的书房、安然于自己的思想的人，真的就足够我敬仰了。

　　近来，我们一直在探讨什么是"商道"，在探讨什么样的品格是商业社会所必需的品格，争论和探讨还在继续，没有共同确认的答案。只是现在我才想到无法得到答案的原因，这个原因就是：我们每个人都沉迷在对物质世界的追求里，一个被物质文明所惯纵的人，怎么可能拥有强韧的精神呢？而没有强韧精神的人，又怎么会具有品格，又怎么会具有"商道"呢？当人们为了摆脱物质贫困的状态、为了过上富裕生活而拼命劳作时，不知不觉间我们的精神已经脆弱到了不堪一击的地步。

　　当"无"成为常态时，人们才会对"有"感到无上的满足和感激；而"有"成为常态时，人们不会对"无"产生不满足感，也就绝不会在内心涌动对"无"的感激之情。

我想，李老师正是基于这样的认识，才会满足于书斋，满足于撰写碑文，满足于做历史与未来对话的桥梁，也正因如此，李老师才潇洒地说"我是一个独立的思想者"。

我知道，很多人都无法达到这样的心境，也无法忍受这样的简单生活，然而我相信很多人会对这样的心境、这样的简单生活心存向往。我们之所以向往，究其原因是**简单可以丰富，这样丰富的是富足的思想，是富足的人生**。

还记得六和集团创始人所倡导的一个观点：当你有一个馒头时，你一个人吃；当你有10个馒头时，你要让家人吃；当你有100个馒头时，你要让周围的人吃；而当你有1000个馒头时，这些馒头就是社会的了，已经不是你的了。

他说得很朴实，但是寓意却非常深刻，品格所需要的正是这种"无"的境界，正是物质之外的精神之气。事实上，心灵的丰饶或贫瘠，不取决于富贵荣华，亦不取决于有权有势，而取决于人的品格的高尚或者卑鄙。这种说法源于佛教，我在佛教方面虽然知之不多，但是却和佛教有着一致的看法。

如果用现实的流行看法，显然拥有豪宅、豪车的富豪要比那些一无所有的流浪汉更受人尊敬，握有生杀予夺的权力者更受人敬畏。但是，我还是坚持应该有一种贵重的价值存在，这种价值与物质财富、权力势力都没有关系，就如佛教最先提出的这种形而上的思想体系：

"若知足，虽贫亦可名为富；有财而多欲，则名之为贫。"

仅是短短的一句话，相比今天人们的财富观来说，不能不说是一种警醒。人们的内心普遍失去了对"灵魂"的敬畏和恐惧。一旦缺少了这种敬畏和恐惧，社会便沦为法律或者道德评判之类世俗的关系，人们心里对此也不会再有自律可言，因此这个世界里的人对物质财富狂热追求，甚至不惜铤而走险、不顾生命。

对人生来说，能够在物欲之外求得心灵的丰富是最为重要的，很多人总是为现实世界的诱惑所困，并不知道，在这些诱惑之外还有一个心灵的归属，还有一个倾听心灵的要求。

记得大学时，读到哲学家康德的"天上有星光闪耀，地上有心灵跳动"时，心里感动不已，对于上天的敬畏和严以律己地守护心灵，不管东方、西方，其实都是相同的。只是现在的人忘记了这个敬畏的感受，更加丧失了自律守护心灵的能力。日本的中野孝次曾说："如果说是由于对神佛存在的敬畏之心赋予他们人性的品位的话，那么失去这些支撑的现代人仅是一群肉体存在而已。"我们是否也仅是后者而已？

前几天看到一篇文章，论述成为富有者的九大要素，其中之一是勤俭生活，深有触动。勤俭生活与富有的呼应，令人阵阵惊喜，至少物质的财富没有侵蚀富有者的心灵，而心灵的勤勉造就了富有。

我到企业里会遇到一个很普遍的问题：当薪金和奖励已经高到一定程度时，还有什么样的激励可以让人们不断追求进步和超越？

我们常常会建议企业以远景来做激励，但是我知道这是不够的，当物质的极限一再被打破时，如果人的心灵不能放开，进入超越于物质独立存在的境界，再多的物质激励都不会有效。

因此你常常会看到，一个员工，仅仅因为简单的原因就会离开为之付出努力的工作单位，很多人不愿意承认物质诱惑是其中重要的原因，但是这样的转换还是会因为另外的诱惑不停地调整。

在中国的企业中，我也常常被问到："如果有机会我是否应该争取，不管这个机会是否符合企业的发展方向？"因此你也会常常看到，一个企业家本可以带领企业稳步、持续地发展，只是因为对机会、权势、财富的诱惑无法抵挡，而使企业陷入了困境。

近来常常遇到谈论自己的郁闷的人。其实如果从生活的物质层面上讲，他们已经相当富有，但是看到他们憔悴的样子、烦闷的心情、疲劳的身心，我知道他们并不富有。因为这些人在内心非常困顿，甚至很多人每一天都在反问自己这样的生活是不是他想要的，每一天都在懊悔中度过。

很多人都说今天的东西不好吃了，没有小时候的东西好吃，结果不断地寻求新的刺激，即使这样还是不能够得到满足。这些困顿应该就是欲望使然，欲望太多反而没有了接受的能力，欲望太多使得人对外在的世界具有更强烈的占有欲，看不到自己的渺小，看不到自己拥有的东西的价值。

管理者做经营不是基于管理知识和管理经验，而是**基于对变化和生命的恐惧，才具备做管理者的资格。**

这种对变化和生命的恐惧，正是回归到心灵的守护，如果说传统需要传承和敬仰的话，佛教的财富观是值得尊敬的，"有财而多欲，则名之为贫"。我知道李老师是富有的，他的富有源自他心灵的安静，来自他对中国传统文化的敬畏，来自他一个人独自的心灵存在。

我本身是个很简单的人，总是希望一切回归到纯粹的方式，所以对我来说，能够单纯地思考、简单地做事就是最好的状态。这也是我一直没有离开学校的原因，因为学生可以单纯，因为学习可以纯粹，因为研究可以专一。只是我很幸运，一直可以在简单的生活中得到欣赏和支持。李老师需要固守和清贫才能够让自己思想丰富，需要孤独才能够独立思考，而我要幸运得多，我在追求生活的质感的同时可以放逐思想，我可以在人群中却又保持独立。所以20年后在郑州见李老师，我知道自己生活在一个进步的社会中。

快乐不依赖于外在而依赖于内心[1]

● 真正的快乐和满足来自内心以及内心的改变。

冉江仁波切问我们：来闭关的目的是什么？你做一件事情的目的是什么？沿着这个问题，仁波切讲解自己的观点。

人在做任何事情时，都是为了快乐，为了得到自己所要的满足。能否得到快乐和满足，会有很多的途径和方法，有很多不同的方式。比如，你吃到一些很好的食物，你完成一件自己很想完成的事情，你赚到很多钱……这些事情之所以能让你快乐并不是因为这些事情本身，而是你自己觉得快乐和满足，你会发现快乐无法依靠外在而获得，真正的快乐和满足，来源于内心以及内心的改变。

仁波切提问时，我在心里默默回答。仁波切说出了上面的答案，让我内心很震动，因为我的答案是：**人做任何一件事情都是为了有价值、有意义**。我之前从未想过，做一件事情是为了快乐。也许是责任感的缘故，也许是认知上认为价值贡献更重要一些，也许是认为快乐实在不容易获得，所以，一直以来我都认为做事一定要有价值，一定

---

[1] 本文节选自作者的随笔集《让心安住》。

要有意义,这是做事的目的,哪怕自己因此不快乐。

当听到仁波切如此开示时,我的思想停顿了,忽然发现自己的局限性。仁波切的答案让我明白了这里面的道理:**以价值和意义来衡量一件事,就需要一个外在的评价标准;在我们看来有价值和有意义的事情,在别人看来并不一定如此,因为价值判断有非常强的个性和取向性,个体之间会有很大的差异。但是快乐却是一种共同的感觉,如果一件事情的完成会让人快乐,那么这件事本身应该是好事。**我惊讶自己之前从未这样想过。

这让我重新思考快乐的本意。

什么才会使人真正快乐?每一次取得的进步,每一个目标的实现,每一个难题的攻克,每一个梦想的成真,拥有好的工作、和谐的家庭、听话而又有出息的子女,有几个真正的知己朋友,有健康的身体等,这些林林总总的需求以及需求的满足,不就是人生中需要在意而又带来快乐的源泉吗?大家赖以快乐的资本,也大都源于这些因素,我们把这些作为生活的目标,并以此来衡量自己的幸福与满足。一旦其中一项无法实现时,所引发的痛苦常常让我们抱怨和生气。

也正源于此,生活中,无尽的欲望所带来的是无尽的痛苦,因为总有目标无法实现,总有难题不断涌现,总有朋友离你而去,也总有梦想无法成真。

更痛苦的是身体随着欲望、执着以及不规律的生活而透支,肉体上的痛苦更加深了不幸之感受。人们开始抱怨为什么生活如此忙碌,为什么无法得到幸福和快乐的感受?为什么物质生活得到极大提高的今天,痛苦的感受也随之提高?问题到底出在哪里?是因为今天的竞争激烈与残酷，还是因为人们欲望的无度与强大，抑或因为内心的脆弱与孤独？也许都是，也许都不是。

仁波切的第一段话就给了我指引，上述这一切源于对"什么是真正的快乐"的理解出现了偏差。索甲仁波切说："迷惑在虚假的希望、梦想和野心当中，好像是带给我们快乐，实际上只会带给我们痛苦，使我们如同匍匐在无边无际的沙漠里，几乎饥渴而死。而这个现代轮回所能给我们的，却是一杯盐水，让我们变得更饥渴。"我们日常所追求的快乐以及得到的快乐并不是真的快乐，因为这些追求都是外在的、不稳定的，甚至是反向的。一个目标的实现引发新的目标，一个梦想的成真带来更大的梦想，一个欲望的满足诱发更大的欲望，这些无止境的欲望和追求，导致的是短暂的快乐和永久的痛苦。

真正的快乐和满足来自内心以及内心的改变。外在的东西无法真正引发快乐，因为这些东西不可靠、不持久也不稳定。可靠的、持久的是我们自己的内心。前一刻你丧失了珍贵的东西，但是下一刻你会发现，你的心可以让你安静下来，让你不为外在的东西所左右，不为外部的变化而感到无助，也不为自己的得失太过在意。不用在意外在的东西，它们不会是你快乐的来源。

每个人都需要问自己为什么要做这件事情，必须知道这件事情本身带来的快乐是什么，就如我现在需要先问自己为什么要闭关、打坐。

在日常的生活中，很多人跑步、练瑜伽、到健身房锻炼，大家在做这些事情时，其目的是要获得健康的身体。但是没有人认真地想想，我们的心也是需要健康的，也需要一个专门的方法针对心的健康。因为身体的健康总会有一个限制，如果心的健康无法获得，人始终不会获得真正的健康。

闭关、打坐的目的就是挑战自己、面对自己、清理自己，达到佛心，达成自性。这是一个让心健康的方式，脱离日常的干扰，让心安静下来，纯粹的呼吸，单纯的作息，尽量简单的餐食，隔断与外界的联系，亦无外界的干扰。

义明帮忙选择的酒店所具有的氛围，也使得静修获得了一个纯粹的空间：一切回归到最简单的生活方式，自然而然。

快乐不依赖于外在而依赖于内心，请大家能够体认这个道理。

在缺少真诚的环境里，更需要内心安定

● 在一个缺少真诚的环境里，你更需要听从自己内心的指引，去做满心喜欢的事情，去积蓄自己内心强大的力量。

追求快乐应该说是人类的天性，所以追求快乐本身并没有错，错在人们追求快乐的方式，因为毫无节制地追求成功、梦想与愿望达成，会带来更多的忧愁。

一些人认为必须抓住自己想要的，才能拥有获得快乐的保证。

一个男孩，因为女孩不再接受他的爱，就把汽油泼到女孩身上并点燃了打火机，结果女孩被毁容，男孩将要面临重刑。记者问这个男孩子，为什么要做出如此残忍的行为，男孩子说："我爱她。既然我不能拥有她，我也不想别人拥有她。"多么可怕的爱，这是一个极端而又真实的例子。

日常生活中，对人对事类似的想法常存于人们心中："如果不能拥有，又怎能快乐呢？"我们总是把执着误以为是爱，即使拥有良好的关系、稳定的生活，由于不安全感、占有欲和骄傲，爱也被执着破坏了；一旦失去了爱，所面对的，就只剩下执着的伤痕，甚至是无法

弥补的伤害，也绝无获得快乐和满足的可能。

取胜的意识与竞争的行为是今天普遍存在的情形，因为生活的压力、工作职责与职位的要求、残酷的淘汰制和晋升机制，更因为人们内心的不安定和焦躁，大部分人都无法享受到工作和生活所带来的快乐。

工作中难以合作和分享，无法感受工作本身以及工作结果所带来的欣喜和美好；生活中因为没有空余的时间陪伴家人，几乎在孩子成长的每一个关键时刻都抽不出时间参与其中，无法让孩子感受他在你生命中的重要性；能够给予年长父母的时间少之又少，常常是在父母离开的那一瞬间悔恨为父母做的事情太少，陪父母的时间太少。

每每看到某些人因种种追求而忽略亲情时，我都不禁内心一阵酸痛。我不知道工作是否重要到要占据一个人的每一天、每一个时刻，以至在母亲生日那一天流下愧疚的热泪。工作的责任真的重要到如此地步，可以放弃家人、放弃正常的生活？还是我们自己内心不够安定，仅仅去追求自认为重要的东西？当所追求的东西得到时，是否失去的会更多？

仁波切说：“**做任何事情都应该快乐，因为你有能力把这件事情做好。**”我们有能力把任何事情做好，好的事情可以让自己的心安静，在任何时候都不会产生遗憾和后悔，当我们发愿要去做这件事情时，应该先问自己的内心，这件事情可以带给我永久的快乐和满足吗？

快乐不依赖于外在而依赖于内心，这是极其简单的道理，但是在今天的生活中却显得那样不简单。很多人都认为自己的命运由机遇决定，如果无法把握机遇，就可能失去成功的机会，也就不会获得快乐和满足。还有一些人认为自己的命运由父母决定，如果自己的父母不够强大，就会去找其他人，从"拼爹"到"拼舅舅"，现代社会不乏拥有这种认知的人，让人痛心。

快乐来源于内在的力量，这需要"真诚"。为什么这么多人无法快乐？与生活在一个缺少真诚的环境中有关。在这个环境里，虚假几乎充斥在各行各业、各个领域，甚至在人们的行为习惯中。

一次和朋友喝茶聊天，正是清明前后的时节，大家就打算选西湖龙井。从杭州来的朋友说，如果选龙井，就用我自己带来的吧。他马上回到酒店去取茶，我们笑话他太挑剔也太讲究。他却认真地说，如果不是他自己知道这个茶的整个生产过程，他不相信这个茶是完全安全和无害的。听他说完大家竟然都有同感，这是多么可悲的事情。

我一直都很喜欢林徽因的诗歌，她的诗非常美，我能从它们的美中获得力量。她在《莲灯》中写道：

> 如果我的心是一朵莲花，
> 正中擎出一支点亮的蜡，
> 荧荧虽则单是那一剪光，
> 我也要它骄傲地捧出辉煌。

就是这样一个柔美的女子，透过文字表达着自己真的情感以及自我呈现的能力。在另一篇短诗《"九一八"闲走》中，她又写道：

但我不信热血不仍在沸腾；

思想不仍铺在街上多少层；

甘心让来往车马狠命地轧压，

待从地面开花，另来一种完整。

这是多大的力量和能量，在这样恶劣的环境中，为什么林徽因却能够沿着自己所设定的方向前行？因为她有着强大的定力，由自己的心指引，去做自己满心喜欢的事情，并相信这一切。

在今天这样一个需要真诚的环境里，这样强大的内心力量尤为珍贵。**学会让心健康，不受外在的影响，这是一个人能够获得快乐的根本所在。**你可以把最寻常的空间变成温馨美好的地方；你可以学会倾听自己的内心，喜悦而快乐地接纳你自己，学会让心与美好连接在一起。

在一个缺少真诚的环境里，你更需要听从自己内心的指引，去做满心喜欢的事情，去积蓄自己内心强大的力量。

明白了这个道理，任何方式都可以让我们安静下来，打坐和闭关只是其中一种；让自己与大自然融合也会取得非常好的效果。

记得四月的一个周末，我到日本去看樱花，因为到的时间并不是樱花盛开的最好时节，所以并没有看到漫山遍野樱花盛开的灿烂景象。但是这并没有影响到我的心情，因为在奈良的一个夜晚，酒店附近有一座著名的寺院，刚好在夜晚有两个小时的开放时间。我对这个寺院并没有任何的了解，也不知道一个夜晚的庭院会带给我什么。

顺着昏暗的灯光，踩着石板路，沿着路牌指示，来到了寺院，望着长长的石阶掩映在葱郁的花木丛中,灯贴伏在地面,发出微光,茶花在夜空下忘情地盛放,青竹刺破夜色的围拢,高高地向着那轮新月簇拥过去。庭院里的水面极静、极亮、极透,水边的树都舒展着枝条,向水中看去,都在向水的更深处聚扎,仿佛树是从水里生出来的,枝条变成了根系。好在其中一棵早开的粉樱也在欣赏自己的倒影,时不时还飘落花瓣,舒缓一下你的心,让你知道时光还没有凝固到无法呼吸与意想,世界也没有真的被颠倒过来。

那个时候,站在水边的我完全忘了自己的存在,只想能与这一切融合在一起,我的心也无限充盈起来,扩展到浩瀚的太虚,让这不可思议的虚空在心里投映出一片纯净的天空。我只敢小心翼翼地站在水边,让自己的心与这静谧的水色融合在一起,与静谧的空气融合在一起,忘掉了自己在哪里,也忘记了自己要做什么,此时看到什么和想到什么已经没什么要紧了,拥有什么和失去什么也已经没有意义。

是啊,什么也比不上让心安静下来、专注。我总记得这份独特的感受,使得我对即使没有看到樱花盛开的樱花季也充满感激,这番空和无的认识,也让我感受到生命内在的力量和安然。

其实在任何时候我们都可以发现美,都可以感受到快乐和满足,都可以让自己的心安然,并让心与美好连接在一起。你会有不同的信仰和追求,你会信赖自己所认定的信仰和追求。让心健康的努力也同样是你需要做的事情,这和你的信仰无关,而和你自己有关。

花落、茶香

● 禅给我的帮助,是沉静、清洁、超越、单纯、自然的格局。

爱花,缘于在东北大草甸看到的灿烂,一望无际的草甸缀满紫色、蓝色、黄色、红色的小花。小时候常常坐在草丛中看花,那时候不知道插花是什么,只是知道一大束野花是一大片绚丽。

长大了看《红楼梦》,看到林黛玉葬花的诗:

尔今死去侬收葬,未卜侬身何日丧?
侬今葬花人笑痴,他年葬侬知是谁?
试看春残花渐落,便是红颜老死时。
一朝春尽红颜老,花落人亡两不知!

当时我不太懂为什么林黛玉如此黯然伤神,再长大才明白,她说的只是自己的感受,由落花想到人的忧伤。再后来才弄懂,人对落花的感受与对人的感受是一样的。

女儿小时候问,花会哭吗?我们只是当她纯真,现在才明白,那纯真才是人的真情感。**人能对花草树木有情感、有同情,能够感应花草的欢喜和悲伤,对外界的事物有体验,其实正是人的一种觉悟。**

花的盛开谢落其实与一个人的成功失败没有什么两样,人如果不能回到自我,回到对人基本责任的追求,使自己符合自然的规律,那么也只能像花一样无声无息地凋零了。

可惜的是,我们麻木了、功利了,没有人去关注基本的生态,人人都在强调自我的价值,这是否像林黛玉所说"花落人亡两不知"呢?

想到茶,就想到日本茶道大师千利休。最令我感动的是关于他的两个故事:

千利休到晚年时,当时掌握大权的丰臣秀吉曾特地来请教饮茶的艺术。千利休后来有一首著名的诗,很好地阐释了他的茶道精神:

先把水烧开,
再加进茶叶,
然后用适当的方式喝茶,
那就是你所需要知道的一切,
除此之外,茶一无所有。

在千利休看来,茶的最高境界就是**一种简单的动作,一种单纯的生活,一种适当的方式。**

每次看到茶师一遍又一遍、一丝不苟地重复每一个沏茶的动作时,总是很感动,那不仅仅是茶道的知识,更是茶的本质。

第二个故事是千利休教导他的儿子。

传说千利休的儿子正在扫庭院小径，千利休坐在一旁看，当儿子觉得已经扫完时，他说："还不够清洁。"儿子便跑去又做了一遍。做完时，千利休还说"不够清洁"。

这样一而再、再而三地做了很多次，过了一段时间，儿子说："父亲，现在没有什么可以做了。石阶已经洗了三次，石灯笼和树上也洒过水了，苔藓和地衣都披上了一层新的青绿，我没有在地上留下一根树枝和一片叶子。"

千利休却站起来走入园子里，用手摇动一棵树，园子里霎时间落下了许许多多金黄色和深红色的树叶，这些树叶使园子显得更干净、宁静，并且充满了自然之美。

总是会想到这两个关于千利休的故事，**人的最高境界其实是与自然的和谐统一**。用禅意来说，悟道者与一般人的不同也就在此，过一样的生活，对环境的感觉已经完全不同，**他们随时取得与环境的和谐，不论是在大漠还是在都市都能创造泰然自若的境界**。

禅给我的帮助，是**沉静、清洁、超越、单纯、自然的格局**。

记得1994年搬回到学校西一210宿舍时，朝晖和我用木板条、白纸、床板和玻璃，竟然造出一个"一房一厅"的格局，"厅"铺了一张地板胶，所有的客人都需要席地而坐。看过这间小屋的人都惊叹，简单的东西也有它神奇的效果。虽然现在的居住条件已经大大超越从前，可是仍然非常怀念西一的这间小屋。

关于"茶道"，日本人有"不是茶"的说法，茶道的最高境界竟然不是茶，应该是渺茫的自由、简单的执着、心灵的悟境和与自然一体的境界。

花与茶都是悟性的载体，其实万物无不如此。**佛经里说莲花有四德——"香、净、柔、可爱"**，人性的四德也不过如此，香，深邃悠远；净，出淤泥而不染；柔，胜过刚；可爱，则是宁静、清雅、尊贵、和谐的品质。

《阿含经》中说："莲花生在水中，长在水中，伸出水上，而不着于水。"才明白老师告知我的"不执着"。想到这里，心里就震动起来，连眼角都有了水意，相信自己虽生于水，总有一天也能像莲花一样不着于水。

风飘过，有些淡淡的兰花香，红木兰是10年前我在广州兰圃初识，当时一枝要20元，感觉好贵好贵，但是自己太爱，还是咬牙买了回来。10年后在新加坡买一大把，10枝只要8新币，感觉还是一样喜爱。

在所有的花中，我还是独爱百合和兰花，或许百合和兰花独有的品质令我感动，喜欢百合的清幽、兰花的典雅。所以每到春节，总会很开心，因为可以买大盆大盆的兰花搬回家中，赏心悦目，看它盛开，欢欣愉悦，看它凋谢，也有一种难言之美。

有一次，看家中墨兰香瓣一片片落下，以一种优雅的姿势飘落，安静地伏在桌上，竟然泪流满面，那飘飘零零的花瓣，给人一种凄美的错觉，仿佛有灵性在呼唤落花之时"化作春泥更护花"的深情，不免惆怅，自己快快拾起每一片，取出一个大大的白碗，存一碗清水任花瓣散于水面，放在案头，知道这份惆怅是无法割舍的美……

喜欢自己的名字与花有缘，我始终觉得爱花不是后天培养的，它是一种先天的直觉，这种直觉来自善良的品格与温柔的性情，也来自对物质生活的淡泊。

　　其实心里一直存有一朵花，有美，有香，有纯，有平静，有种动人的质地，会使我们有更洁净的心灵来面对人生。

夏雨知我

● 隔着蒙蒙的细雨看,世界也显得那么宁静、和谐、明朗、可爱,不慌不忙。

真是喜欢这绵绵的雨,尤其是在六月已过的酷夏。印象中盛夏里偶落的都是骤雨,随雨扬起的似乎也仍是燥热。然而眼前的,却犹如三月的夜雨,淡淡地、斜斜地落着,给人一种幽幽的、嫩嫩的感觉,更伴着路边瓜棚中飘出的淡淡的瓜香,有点"天凉好个秋"的味道,今夏因这雨而转了性。

从没有想到盛夏的雨竟也会如此细腻,尤其是在西湖的长堤上,周遭都挂上了一层亮晶晶的水珠,马路上车轮碾过,水花四溅,各式各样的花伞下脚步悠悠,顽皮的孩子更是雀跃着踏水而过……雨的步态轻柔、清朗,就连路边的小草似乎也踩着这雨的韵律,微微晃动着它身上的小水滴。

炎热退却,烦躁也跟着远去,你能感受到的是无须伸手即得的凉爽。**隔着蒙蒙的细雨看,世界也显得那么宁静、和谐、明朗、可爱,不慌不忙。**拉开一点距离去看人生,相信感觉会好很多,正如这如丝的夏雨,人的心态也会变得宁静和宽容,使得往日烟尘和酷热充斥的心，竟也变得润泽和安然。

觉得自己属于快乐型的人。虽然环境似乎也在发挥作用，也常告诫自己不以物喜，不以己悲，可是我却经常以物喜，亦以己悲。

喜阴天、雨天；喜阳天、冷天。阴天可怀旧；雨天可浪漫；艳阳天，可戴一顶大草帽，穿一袭长裙，一头长发飘飘，虽不漂亮，却也背影摇曳；冷天则可用大衣、围巾，这是我甚爱的。天虽变幻，却可常喜，怀喜悦心做人也是乐事。

我不追求完美，但追求美。**记得站在珠峰脚下的那一瞬间，明白自己对爱与美有执着的向往。**停在羊卓雍错、纳木错，更是怡然而飘逸，那几天的感受，令我觉得自己真的是好幸福。

记得有学生问我，陈老师您认为最幸福的事是什么？我回答说：**在陈老师这里，最幸福的事好多好多，比如在灯下读到所爱的人的来信，在阳光下亲近自然，在书中读到美妙的故事，在课堂上学生的智慧被激发，和家人围在一起聊天，这些便是好幸福的感受，就如现在，可以在西湖遇到雨……幸福真的是一种心境、一种感受。**

两天的雨，让自己对赏心悦目四字又添认识，坐在傍着西湖夜雨的窗前，又是一个安宁而随意的夜，仍是一个字一个字地写下去，仍是我喜欢的音乐伴着我喜欢的灯光，才发觉自己要求的东西其实亦不算太难得到，"境由心造"是我最喜欢的说法与做法。

记得多年前拉着女儿的手去看雨，小家伙说：**"妈妈，雨好热！"**自己也赶快用手去触雨，发觉的确是热的，惊讶于小小的她如此敏感的同时，也知道看到和触到的雨是截然不同的。

看来需要站在雨中，才能找准雨的感觉……

多少又有点开始盼雨了，今晨起来，真的有雨，那份惊喜令自己好不得意。走到廊上，看西湖人忙着收网，打捞的是一年的收获。

连日来有太多的困扰，不知道研究最终能够解决什么样的问题，不知道自己坚持解决企业的实际问题而非停在纯粹的学术当中是否走得通。

亦有太多的牵挂，不知道飞速的发展对企业或者个人而言是好事还是坏事；不知道浮躁和变化的环境对于学生是机遇还是陷阱。困扰和牵挂，使得不是雨天也润润的，说不清是细雨浸我还是我浸细雨，只知抚慰我的不是细雨、不是清凉、不是平静……

但是看看湖中的渔民，伴着细雨，倾力而出，其实，劳作本身就是一种收获，我还需要对结果有什么样的困扰和牵挂呢？只要不断地付出就可以了，就如江南的三月，江南因三月而多情，而三月因江南而凄迷与朦胧。

长堤旁长着细碎的小花，让我想起那黄黄的油菜花来。不知你是否见过一望无际的油菜花地，灿烂得把内心的喜悦一下子点燃了。在兰州、东北、江南、关内，你都可以看到此景。**那个时候我告诉自己，做其中的一棵，虽不起眼、不名贵，但是联结成片，便繁盛无比。**

今夏，雨显得格外多情，从广州下到北京，下到哈尔滨，下到黄浦江边，又下回到珠江岸上。关里、关外、江南、江北，一直下着，把人的心都下得汪起水来，温柔无比。**真是一个淋漓的夏，不带任何伪装，不做任何掩饰，只把一切都倾情放出，化成细雨，飘落下来，让人涤荡尘俗，获得解脱与平静。**

人，有时很矛盾，事实上的接受与不接受，好像都没有办法把握，我喜欢"采菊东篱下"的意境，但是今天也只能到鲜花店采花。我喜欢舒曼的《童年的回忆》的舒缓，但是重金属摇滚的强劲节拍才符合今天的节奏。难道我就真的无法把握了吗?

看着细细的雨，我知道我还可以把握时日，那一分一秒、一日一月，都可以印记我的每一个快乐与痛苦。想起朋友说的银滩，每一个脚印，都会盛满灿灿的月光。**人生也该如此，只要能装满每一个脚印，那就该是灿灿的。**

做人的一大福分，便是心有所归依。在这细雨淋漓时，觉得自己的心不再挣扎，特别是盛夏时分的细雨，它比秋日的大雨来得更从容、温柔、细腻，又比三月的春雨来得清新、爽朗、舒畅。

即使是路上飞驰而过的车轮，也带着水滴划出水线，四散而美丽。

这一刻的心已满是欢喜和宁静，有细雨的夏，没有了燥热。

体味生活的美好

● 安静地准备一餐饭，安心地与家人一起用餐，就足以和家人一起体味生活的美好。

这一次和朋友们约定，完全放松去过一段闲适的日常生活，虽然想做一次酒农，到了波尔多之后，才知道这个活实在是太专业了，完全不能胜任，只好安心做个闲散之人，尽量与当地人的节奏相一致，所以在这个周日，雪芹带我们去逛集市。

集市在离庄园两公里的利布尔讷市，属阿基坦大区吉伦特省，是一个典型的法国南部城市，靠近多尔多涅河（Dordogne）北岸，伊勒河（Isle）穿行其中，两河交汇于此，小城风光恬静而迷人。我们开车进入利布尔讷时，会经过横跨伊勒河的桥，桥的护栏上装饰着一簇簇鲜艳的花，让小桥显得很婉约。原生态的伊勒河岸边，河水平静如镜，岸两边排布开的房子，由年代久远的石头建筑。透着时光的古宅以及不远处的哥特式大教堂，高高耸立，十分引人注目，这一切让小城更显得安然。

利布尔讷市的幽静亦如欧洲的很多小镇，不过这里又有那么一点点繁华，开往巴黎的火车站，一所波尔多大学的分校，步行街的咖啡屋飘香，甚至老佛爷百货店、家乐福以及各式商店齐全；还有一家美味的泰餐厅，老板和老板娘竟然会讲中文；最令我惊奇的是，警察局很大，市中心很小，如果步行从市中心到伊勒河边，估计不到 15 分钟，整个城市透着浓浓的生活气息，待着非常舒服。

雪芹先带我们去面包店买新鲜出炉的可颂（Croissant，国内称为牛角包），味道一级棒。喜爱可颂还是在一次到巴黎出差时发现的，当时在巴黎火车站，法国合作方的经理担心我们没有吃饭，跑去面包店买了热热的可颂给我们，入口细腻的香甜感一下子打动了我，才惊觉可颂原来是这么好吃的。自此之后，新鲜出炉的可颂成为我对法式面包最独特的记忆。

也许是太喜欢可颂了，所以还花点时间去了解了可颂的来历，它的故事也一样神奇。

传说是在 1683 年时，土耳其军队大举入侵奥地利的维也纳，但是却久攻不下。心焦之余，土耳其将军心生一计，决定趁夜深人静时分，挖一条通到城内的地道，在不知不觉中攻入城内。不巧的是，夜深人静时分，他们的鹤嘴铲子凿土的声音被正在连夜磨面粉、揉面团的面包师傅发现，于是报告给国王。结果，土耳其军队无功而返。为了纪念这个面包师，全维也纳的面包师将面包做成土耳其军旗上的那个弯月形状，以表示是他们先见到土耳其军队的。有历史记录 1549 年巴黎皇室开始有牛角包，现今，可颂加上一杯温暖的牛奶早已成为法国人最典型的早餐形式，现在我们也一样以此为早餐。

吃完早餐我们去逛集市，这是一条步行街，一进入街区就是旧货摊档，里面有很多很有意思的东西，国强看中了一个小餐台，释心和我看中了一个挂表，雪芹选了一个玻璃器皿，我还看中了一个书报架和一个内嵌了小帆船的漂流瓶，每件旧货大约在5~15欧元，大家都选到了心仪的物品，赶集的喜悦就这样开启了。

旧货摊档过去后是很多当地的小吃档，然后是衣帽与生活用品档，国强惦记着远在新加坡的曾老师，决定帮他选一顶帽子，这个想法说出来大家都觉得很棒。帽子选好了，发微信给曾老师看，真是沟通全球无障碍。因为还要买很多东西，又决定选一个草藤编织的挎篮，主要是这里的挎篮设计得非常鲜艳，挽在臂弯上非常好看。

步行街两旁的小店都涂着鲜艳的颜色，有一家店是绿色的，非常抢眼又充满生机，进进出出的人也都透着优雅与闲适，还有一些人牵着小狗，让整条街都呈现出斑斓与温馨，走在其中，感觉自己也是这个城市的一分子，一样享受着周日赶集的乐趣。

继续往前走，经过生活用品区，来到点心、瓜果、蔬菜、鲜花区域，这个区域更加琳琅满目，大部分瓜果、蔬菜都认识，似乎和家乡没有太大区别，但是也有一些果蔬完全不同；第一次看到西红柿是紫色的，释心觉得很惊奇，所以决定排队买一个，因为人多，排队还花费了一些时间。可惜的是，那一天我们买的东西太多，回到酒庄把这个西红柿忘记了，所以至今我也不知道这个西红柿的味道。

往深处走，才忽然发现来到了市政厅前。原来，整个集市是在市政厅广场上，就连市政厅的廊厅也都摆满了各种摊档。因为预先不知道这个情况，所以我们几个外地人都觉得很神奇，市政厅门前以及广场上全是摊位，各色各样的小商小贩，各色人群，一片热热闹闹的景象,这种感觉还真是完全不同。一个庄重的市政厅,一个热闹的集市,两者就这样和谐地在一起。除了觉得惊讶之外,我们也很享受穿行在人群中,体味着一个集市的平常温度的感觉。

继续往前走,看到海鲜、肉类摊档了,在这里最让人感慨的是生蚝,波尔多盛产生蚝,7.5欧元能买12只漂亮的生蚝,真的是给人大饱口福的惊喜,马上买了一些;还选了小虾、大虾、海螺及青口,带着一大堆海鲜,开始折返停车场。经过花档时,选了一大束向日葵,放入挎篮挽在肩上,走在步行街中,活脱脱的本地人样子,真是美妙极了。

带着买好的货品,也带着利布尔讷人周日生活的样子,我们返回了枫萨克,一到庄园,雪芹、释心、我和保姆就开始各显神通,准备亮出自己的拿手菜,大吃一餐。释心的爆炒大虾绝对是美味,雪芹的青椒炒肉片也让人回味无穷,我则选了炖汤与腐乳炒通菜,保姆把新鲜的生蚝处理好。

我做了自己最喜欢的一个炖汤,食材是适量排骨、一个土豆、一根胡萝卜、一颗西红柿、三粒红枣、几片姜。土豆、胡萝卜、西红柿都切成块状,红枣需要把内核去掉。将排骨煮开去一次水,然后再加入清水,加上姜片、红枣,加大火炖,水开之后,加入土豆、胡萝卜、西红柿,继续大火炖,直到水全开,小火再炖40分钟左右,直到要开餐时,开盖加盐,香味飘出来……

这是我最近很喜欢做的一道汤,整个过程中我很快乐,因为觉得自己在用最简单的食材搭配成最鲜甜、清醇的味道。这些食材混合在一起,共同构成一种气息,一种淡淡而又悠长的清甜气息。

在庄园吃晚餐，自然选了一款上好的红酒，这是国强和雪芹的专业，我只有欣赏的份。我们围坐在餐桌旁，窗外还是那棵挺拔的大树，室内飘着"私房菜"的味道，觉得这才是真正的度假时光。

自己蛮喜欢做菜，喜欢用最简单、最普通的食材去完成整个过程的喜悦。女儿小时，曾经为她做过一道红烧鱼，因为也让她参与进来，所以这道菜至今仍是她念念不忘的美味。花费在家里厨房的时间，绝对是非常值得的投入。**如果你认真准备、专心去做，细细体味不同食材所诞生的美味，然后和家人、好友分享，你会感受到生活的滋味，浓厚而又充满快乐与幸福。**

其实我很少有机会下厨房，如果女儿放假回来或者自己刚好有空，会安排自己下一次厨房；说不上有做菜的经验，只是特别喜欢用最简单的配料——油和盐，去做清新美味的菜品，其关键是食材味道之间的协调一致，把握住火候与程序，更要配合上专注与轻松的心情，这样，菜肴就会有着一种独特的清香。

安静地准备一餐饭，安心地与家人一起用餐，就足以和家人一起体味生活的美好。很多人认为需要有足够好的条件，需要有大宅豪车，才能够让家人感受幸福，这真的是完全错了；**让家人幸福的途径非常简单，就是专注地在一起做一餐饭、吃一餐饭。**只是我们真的太忙了，很多人连一餐饭都没办法去做，也可能未想过去做。不过，我还真的建议，无论如何，找出一个周末，为家人认真去做一餐饭，与家人围坐在餐桌旁，好好去吃一顿饭，这个时候，你一定会发觉生活的美好与幸福。

也许你会说自己没有拿手菜，但是，这个真的不重要，重要的是，你愿意抽出一段时间，与家人一起做一餐饭，家里总会有人有拿手的菜，而你需要的是付出时间与欣赏。如果你付出这个时间，付出专注，就会发现，这餐饭有诗意、有愉悦，有留在家人记忆中最美的片段。

我会尽可能找到时间与妈妈一起吃早餐，早餐更简单，白粥、鸡蛋和咸菜，但是只要是和妈妈在一起吃的早餐，味道总是好极了，我还会配上音乐，让早餐开启妈妈和我美好的一天。与家人、好友一起，吃一顿家常饭，**那些带着家人心思的食物，会带着幸福温暖的味道**，平复日常的忙碌与奔波，也让家的温度时常伴在身边。

做一道我喜欢的汤，变成了我的快乐，变成我认识食材滋味的乐途。品着释心与雪芹做的菜肴，喝着自己熬的汤，饭后国强冲泡大红袍，一切美好留在舌尖，并形成了关于利布尔讷集市的记忆。

法国19世纪传奇政治家与美食家让·安泰尔姆·布里亚-萨瓦兰写过一本著名的书，中文译名叫《厨房里的哲学家》，在这本书的开篇，他写下20条关于食物的格言，我特别喜欢其中五条：

宇宙因生命的存在才显得有意义，而所有生命都需要汲取营养。

上帝让人必须吃饭才能生存，因此他用食欲促使人们吃饭，并用吃带来的快乐作为对人类的奖赏。

不分时代、不分年龄、不分国家，宴席之乐每天都存在。它与其他娱乐形式相得益彰，但生命力远远超出其他娱乐形式。在其他娱乐形式缺失的情况下，它能对我们起到安慰作用。

与其他场合比，餐桌旁的时光最有趣。

与发现一颗新星相比，发现一款新菜肴对人类的幸福更有好处。

很开心在这个夏日的利布尔讷，遇到一个美美的集市；更开心可以和朋友们在一起，借庄园的厨房以及每个人用心的烹饪，享受了一段最甜美的时光。

春天是生命的开启

● 每个人内心可平静安详,那就是真正的升华和盛世。

最尊敬的朋友写来了冬至的一首诗,诗的名字叫作《冬至如春天》:

春天

春雨绵绵

细细的雨

轻轻地滋润着大地

无声地拍抚着万物的生命

细细的雨

汇集成小溪

汇集成江河

让梦想的船只

驶向现实

春天

春光明媚

从苍穹来的射线

清透着空气

温暖着大地

拥抱着

催生着万物的生命

从苍穹来的射线

伴随着和风

使天空蓝得欲滴

让理性的大鹏

展翅高飞

春天

春花盛开

草叶和花朵

痴情地装饰着大地

绿树和繁花

一碧如洗的天空

空中的流云

还有流着淙淙碧水的小溪……

还有此时

在心中展示的梦想、理性和深情

春天是很多人咏叹的对象，喜欢这首诗的氛围和意境。虽然南方的春没有北方的震撼，但那一声春雷之后真的万物复苏，大地复醒。看春光明媚，看绿树繁花，看空中流云，又一个新的世界在绿芽中孕育。

喜欢这首诗是因为诗里有"阳光""空气"和"水",就像一个园艺师的话:对一棵树而言,"只是需要阳光、空气和水而已,还有一点点关心"。一直记得这个园艺师的话,对一个人而言,也不过如此,这首诗给了我这个感觉。

人的需要其实是可以很少的,我们讲策略,讲市场定位,讲顾客需求,讲来讲去,所引发的不是顾客的需求满足,而是顾客需求欲望的刺激。其实每一个产品的概念都是为引发购买而设计的,我们又真的知道顾客需要什么吗?

这几天常常抽出一小段时间到校园散步,去享受阳光、空气和流水。傍晚,见阳光一束束从树梢间穿过,落在满地的小草上,那金黄令我感动,不只是感动于那种美,还是惊奇在都市年节的黄昏中竟也有这样金灿灿的颜色。只可惜,平时我们太匆忙,把所有美的颜色都留在画框中,而没有去留意生活中的流动的颜色。

如果我们能够回到自己的本心,或许生活的本义便会化解开来,融在每一个细节中。

整个寒假都在看古书,狂啃《资治通鉴》,因为要"顾名思义",想借司马光的脑厘清自己的脑,毕竟"资治"是以古鉴今,助你通晓贤政之义。但我通看之后,内心更为痛苦,联想到顾祖禹的一首诗"重瞳帐下已知名,隆准军中亦漫行。半世行藏都是错,如何坛上会谈兵",我当自知。

有时想,中国若想得以发展,其实只要做到"心定"两个字的境界便可以了。**每个人内心可平静安详,那就是真正的升华和盛世。**只可惜做不到，因为人的欲望都很强。

近十几年的路，终于让我明白，自己只不过是一个平凡的女子而已，只是虽平凡，生活可以恬淡，但生命却不可以淡，这毕竟是生活给的一次机会。单凭这一点，也要求自己好好珍惜并努力付出。我愿意在今后的人生旅途中，给生活温馨的问候和旖旎的梦幻，或许没有太大的作用，仍然愿意努力去做。

假期的校园很安静，满园的绿树和湖水，整天不必看时钟。看书累了，就出去散步，太阳、月亮、星星轮流与你默默相对，这份隔绝尘寰的幽静，确有春的青翠，山水使人理智清明，心情开始由绚烂趋于平淡。

可是生为一个现代人，只能在内心中寻找一块"田园"，虽然暂时无田园可归，不妨在方寸之间自辟一片田园，那么纵使"结庐在人境"，也可以"心远地自偏"了。

这是春的夜，空气中充满醉人的芳香，人们常常把春天比作珠圆玉润的小诗，富于想象，富于色彩；人们常常把春天比作恋人，富于柔情，富于旖旎。

记得老师带我去踏青，老师所有的雅致在那青青的草、泥土的味道中，被承接了下来。多年后的今天，也是春的味道，我却只能拿起纸笔，让无限的思念消散于长风短笛中，想起那时的感受，我觉得压在心头的重量消失了，只剩老师的期许。一切静寂，我不知该如何表达：

春意漫了屋子

我系住思念

　　圆月指引我的路

　　微光如一片淡烟

　　回忆是如此清冷

　　心间心语细碎

　　何处牵来一丝淡香

　　可是今日忘却的一朵百合

　　一直渴望给老师回报，一直渴望能在老师的生活中添上一笔，使得老师绚丽的一生能多一种色彩，可是我竟什么也做不到，跪在老师面前，我才明白：永远不朽的，只有风声、水声，与无涯的寂寞而已。

　　东方说古有三不朽，西方说不朽的杰作，我们所诉求的"永远"，其实都是纸上的意义，唯有"现在"才可以体现你的意义。

　　春的昭示是生命的开启，是新的萌动，是梦想、理性与深情，它不需要追求永远，但正是春天，让瞬间成为永恒！

因为友情，单调的生命才有了色彩

● 人是不该刻意保持距离的。人不该小心翼翼地交往，不该压抑自己而无法淋漓畅快。

世界上最远的距离，不是远古与未来间的，不是太阳与月亮间的，是你站在人群里，但是，你不知道能够与谁相知。

感觉上人们已经埋葬了感情，没有人可以再轻而易举地走进别人的心里，每个人都有一种无法抗拒的美好在梦里，而在现实中却不会轻易流露情感。

是否存在一种纯粹的精神世界？一种纯粹的情感世界？难道人与人之间只能是一种竞争的关系？只能是交易或者对比的商业关系？

在我开始认识感情时，少年的美好已经结束。在昂昂溪这样的小镇，人们没有距离，只有关爱。那个时候，老师、学生、家长关爱的默契，无人能及。我们的物质生活并不富裕，这个小镇也仅仅是一个甜美的草甸子。我们所经历的那些琐碎、短暂的往事，总在刺眼的阳光下熠熠生辉。即使今天我生活在他乡，这些和谐的故事还是如影随形，成为自己对生活本身的信任。感激之情永远是那个给我力量的源泉。

本不愿把过去放在心里太久，人总该向往未来，不然，过去在心里扎了根怎么办？本不愿对于过去耿耿于怀，人总该珍惜现在，不然，现在荒废了该怎么办？只是当你不能够自由地呼吸新鲜的空气、畅快地表达自己的情感，是不是会退回到过去呢？

也许只有当需要承受更大的压力、更多的问题，需要解决更多的困难时，人们才知道一个人的力量是多么有限，知道一个人的承受是多么无奈。

望着飞速进步的社会、飞速进步的技术、飞速进步的人类文明，人从来没有像现在这样需要爱一个人爱得那么用力、尽心。每个人都那么小心地守护自己的感情，生怕受半点伤害。每个人都没有挣破保护膜的勇气，每个人明明需要帮助，却像蜗牛一样慢慢地缩回壳里。

雨天看伞，看不到大大的伞，看到的只是一个个孤独的伞独立支撑着对风雨的抵挡。常常一个人站在雨里久久地凝望，看雨的碎片飘过路人的身影，不知道为什么总是想到人的心中似乎也有一把伞，一个人苦苦地撑着，感觉好像能够抵挡风雨，回过头来却淋得全身湿透。

坐在温暖的星巴克中，有些幸福的错觉，淡淡的咖啡，轻轻的细语，静静地欣赏。工作不是星巴克氛围的重心，在星巴克出现之后，除了交往，生活中再无其他重要的事情。当我们感慨星巴克的经营理念时，知道这也是人们生活中的一种愿望：在这样的一个下午，已经再没有什么重要的事情，只有你、你的朋友以及你们的交往。

今天的人似乎特别容易受伤，特别是在感情上，每个人都变得格外小心。常常看到人们背着背包，决定远行，行走在山水之间，与大地亲近，与山峰亲近，与河川亲近，与自然亲近，只是无法与周遭的人亲近。人总是想站在别人不可能看到他的距离，只有这个时候他才能从内心深处大声地呼唤，那一声呐喊，如释重负，然而心却隐隐作痛。

寂寞的路，一个人走，都市里的每一个人，格外孤单。其实每一个人都可以走在阳光下，可以把朋友一一地想念，可以在相互的关注和想象中获得生活本身的乐趣。

可是，人长大了，把不表露自己的情感作为成熟的标志，把深藏不露作为理性的表现，已经不会表达情感，已经不会在大雨下尽情淋湿，已经不会在人群中表露真我。每个人都是琐碎的，都会有许多惊喜、快乐、经历和故事。只是太多的人把这些尘封在日记里、记忆里，从放在内心的那一刻开始，没有想过对任何人打开，当时间成为记忆时，那每一个本该是快乐的记忆、本该是幸福的片段，因为没有分享而成了库存。

当你的生活只是一段心里的记忆，我们清算自己的人生仓库时，可能盘点出来的库存已经没有了价值，甚至当我们估算它的残值时，只能是用来填补回忆，连折旧的用处都没有。在自己的仓库里堆放的是毫无价值的物品，我们又怎么能够获得一生所做的投入的回报呢？

常常在想：心中没有对一个人的热爱，我们可能无法听到贝多芬的乐曲；没有对生命的聆听，我们可能无法看懂海明威的作品；没有对人性的分析，我们可能无法理解弗洛伊德的梦境；没有对人尊严的崇拜，我们可能无法欣赏凡·高的向日葵。

在生活的道路上，是朋友与我们一同前行，对每个人来说，友情是非常非常重要的，比许多东西都重要。现代的生活经常处在动荡变化之中，我们比以往任何一个时候都需要友情。有了友情，孤独的日子可能会变成一个点缀；有了友情，昔日的隔阂可能变成诚挚的牵挂；有了友情，不会再去计较心目中的排名，不会再关心彼此的差距，不会再在意是否符合标准。

喜欢的场景：握着一杯清茶，坐在华灯初上的窗边，与对面的友人互诉心声，可以感受承诺，可以感受理解，可以感受心灵深处的共鸣。这个时候，整个世界都笼罩在温暖与关爱之中，所有的困难和艰辛，都得到解决的办法，因为坐在你对面的友人知道你的困境，知道你的快乐与困惑，知道你的付出和代价，更加知道你的价值和意义，他会珍惜，会理解，会支持。

人是不该刻意保持距离的。人不该小心翼翼地交往，不该压抑自己而无法淋漓畅快。人会有许多的欢笑与泪水，会有许多雀跃与心痛，这许多的情感应该可以在朋友面前毫无顾忌地倾泻而出，可以让自己的表情和心情自然合一。因为友情，单调的生命才有了色彩，生活中才有了辉煌和灿烂，才有了畅快和潇洒，也才有了人生的震撼与惊喜。

学会感恩生活

● 我们每日苦苦追求的东西,早就在我们的生活之中,只是我们没有能力感受,更没有能力把握?

前年在澳大利亚被湿地感动,与小胡商量回到国内也找湿地。去年中学毕业 20 年聚会,回到离开了 20 年的家乡,宝华安排去扎龙,才知道这是中国最大的国际湿地之一。我 20 年后苦苦找寻的东西,20 年前就已经与我擦肩而过了。

从奔驰颠簸的汽车的窗口,忍不住久久凝望。十月的东北一片金黄,金灿灿的杨树,黄澄澄的草甸,还有满是芦草的苇荡,飘着芦花和轻絮。一望无际的湖面,因为丹顶鹤避冬显得异常安静,没有波纹,只有静静的幽蓝。

走在芦草丛中,深秋的气息夹在湖的空隙,让人感到透骨的清爽。近路的青色湖水似乎了解人的情感而静静地衬托着簇簇芦草,将人的视线拉向远处湖水深情的青蓝色。漫天朵朵铅灰的云彩,远山在云影中显出朦胧的深蓝。你可以想象几只红顶的鹤、几只天鹅在湖间嬉戏。

竟然不知道十几年的生活中,自己忽视了这块宝地,竟跑到澳大利亚那么遥远的地方去感受、去体验、去找寻，竟然不知道美就在身边，渴求的东西就在自己唾手可得的地方。

　　一个人远远走在前面，故意拉开和同学的距离。湖面更宽阔了，耳边尽是微微的芦苇荡的声息，内心竟一阵难过：**我们每日苦苦追求的东西，早就在我们的生活之中，只是我们没有能力感受，更没有能力把握？**

　　人真的很渺小，可是我们竟然不愿意承认。站在自然面前，才发现自己的无能为力，因为生活提供给我们的一切，我们并没有深刻地理解，并没有能力把握。那深藏的哀伤，曾被一重又一重包裹得那么周密，以为能永远不动声色地埋藏下去了，以为能被理性和意志长久地克制，却不知如何在这自然美的震撼下溃决了堤坝，终于爆发而出。

　　真的是应该经常站在自然的面前，真的是应该经常把自己放在宏大的自然面前，真的是**应该经常与自然对话，因为只有如此，你才会知道自己多么渺小。**

　　在纽卡斯尔的湿地有雨，天色阴霾晦暗。可是流连在湿地候鸟栖息之地，看图片、看介绍、看纪念品、看小胡与主人聊天，内心却是晴朗的。主人告诉我们每年都有世界各地的小朋友来到这个地方看鸟、喂鸟、画画。每年的候鸟和小朋友都到这个地方来，多好的人鸟共融图。心想这是**人们了解自己的方式：了解四季，了解变化，了解团队和互助，了解爱。**

　　在扎龙有这样一个故事：一个女大学生为了救一只丹顶鹤，滑进沼泽地再没有上来。她的木屋还在，她的吉他还在，她的音容还在，只是她不在了。

一声声的啁啾，是远处传来的丹顶鹤的鸣叫。它们奋力地挣扎着冲破深秋，跃出草丛，在我头顶的天空飞翔，陪了我很久，才划出一道优美的弧线向远处掠去。仰头看着它们因用力而弯曲的纤弱肢体，似乎感觉到一股热力从大地输入了我的身体。默默地对它们说："谢谢你们！"

独自面对湖面站了很久，和风吹过，芦苇荡渐渐在眼前模糊，和那女大学生的形象叠加在了一起。人只有在把自己融入自然时才知道自身的价值。纽卡斯尔湿地的主人用心经营着这片湿地，传播生命及爱的信息；扎龙湿地的女大学生则用生命展现了生命及爱的意义。

常常听到周遭的朋友述说自己的困境、自己的所失，**也许生活中会有很多波折，很多不如人意，但其实这就是生活给你的一切，你想转身躲避，那完全是徒劳**。躲是躲不开的，该面对的终归不得不去面对，但是人的一生不就是一个又一个的恐惧和苦痛吗？

当候鸟年复一年南迁北移时，它们只是想用自己的羽翼了解生命。它们会遭遇狂风暴雨，会筋疲力尽，会无法看到终点，但是它们从没有放弃前行，从没有放弃目标。你几乎不能想象几万里路，它们克服了什么样的恐惧和苦痛，只是它们让我们懂得了，当你克服了一切，你也许会痛不欲生，但你也就超越和重生了。

往芦苇荡的深处走去，树智建议照张集体照，照片就在我这里，看着一张张成熟的脸，感慨生活的力量。曾经是风华正茂少年，曾经意气风发，曾经健美青春，20年不长不短的历程，让同学们有了各自不同的际遇和痕迹。

晓光和李卓成了医生，宝华、宜纯、德刚成了政府官员，晓慧、哲民和我成了大学教授，而树智则刚刚结束军旅生涯开始创业。看着微微发福的男同学，觉得体积与成就可能是成正比的。20年会有很多的成长故事，只是大家见面不到10分钟就抛离了20年的时间，回到了中学时光，仍然是儿时的话语，仍然是欢声笑语。

忍不住远远地望去，竟然看到了几只天鹅在湖面，在近岸的浅滩上，在芦花的掩映下，涉水和游戏。它们看到我走近，一起展翅飞了起来，在茫茫"海"天间，在青蓝的湖面上，那是多么壮丽的一幅图景！它们划出优雅的弧线，在远处的湖面重新落下休憩，我不禁放慢了脚步。

就在这时，金色的阳光放射，万道炫目的光柱像金色的流苏一样垂下来，照亮了岸上的芦草和近岸的湖水，将一道道金线铺设在水面上，将青蓝色的湖水点染成一大片发着荧光的宝石。远处的天边也露出了一线蓝色的天空，阳光泻下，芦苇荡与金黄色的杨树相互辉映。

我的心激动得难以言表。在金色阳光和青蓝色苇荡中，我高高地向天举起双手，"呵呵嘿"地大叫着，感谢命运女神赐予我的礼物。在苦苦找寻湿地之后，在我渴望深刻理解自然给予人类的智慧的一刹那间，还有什么是比光明的希望更光彩夺目、更美好的礼物？

也许在生活中你会遇到很多困扰，你会遇到很多波折，你甚至常常有坚持不住的念头，你甚至会有放弃的想法，可是在这一片天宇之下，你只会大声地告诉自己：**不管你是否曾刻骨铭心地爱过，不管你是否曾融入过自然的怀抱，不管你是否知道今生该如何摆脱无尽的空虚和悲伤，不管你是否曾外表欢乐平和而内心痛苦得抽搐不已，但感**

谢生活，感谢这一刻！它让我看到，生活还有这么壮丽的希望。

我不会忘记滑入沼泽的大学生付出的爱，我将永远把它珍藏在心底最珍贵的地方，因为拥有这心中珍贵的湿地，**从此将不会沉溺在痛苦的泥淖之中，而是无惧一切困难，笑对生活的每一天，从此真正坦然地去追寻我的理想，快乐地生活！**

慢慢地，阳光弱了、小了，傍晚的余晖出来了，那道长久笼罩湖面的金色也向西掠去。不知不觉间，我们已经回到了扎龙的入口处。宝华说因为最近曾有小船陷在沼泽地里，所以这一次无法租船进到芦苇荡的深处，大家都觉得有些遗憾。

我选了一个高处，尽可能地望到深处，远远的北方，就是湖的那边，一片无尽的平原，远处是橙黄色的一线，近些是美得令人心碎的孔雀石的青蓝色，更近是青白色的湖水，芦苇摇着一道道白色的芦花。刚才那片金色阳光，在湖面上投下无比美丽的金线，如湖水女神美丽的宝带。在小径边，金黄色的跌落的树叶在陆地上画出一道黄白的线，分割着陆地和湖水。

痴痴地走着，心里没有一点渣滓，只有满心的赞叹和欢乐，似乎把一切都遗忘了。随手采着紫红的扫帚梅、黄色的野菊花、带着橙黄色果实的野麦穗，还有好多浅黄、白色的我叫不上名字的小花。和风吹来，身前身后飘起一阵淡淡的清香。回到同学的队伍中，耳边满是大家的欢声笑语，阳光照得身上那么暖和，我的心灵是那么澄澈。

和大家一起向前走着，欢快的步伐像一首歌，心里也似乎奏起快乐而神秘的韵律。齐齐的白杨树高大而茂密地排列在柏油马路的两旁，柏油路上偶尔走过马车，响着阵阵的马蹄声，金黄色的落叶像极了路两边的彩带，和着车轮翩翩起舞。暖暖的夕阳映照在头顶，微风从身后轻柔地吹来，心更加平静。

啊，看哪，在来的路上，柏油路上走过的马车上，车夫摇着鞭子，哼着东北小调，安逸而快乐。当我回头望时，忽然看到西边的天空呈现出一道宽宽的金色，晚霞如飘浮的金山一样熠熠生辉。

扎龙渐渐远去了。

湿地曾经是我的一个心愿、一个梦。从澳大利亚回来时，湿地在我的记忆中是烟雨蒙蒙、潮湿和灰色的，因为那时我从来没有像现在这样见过它、触摸过它，在它的金色阳光下接受洗礼。而从此以后，也许哪个不经意的深夜，我还会梦到它。不过，它将不再是灰色，而会是那金色与青蓝色的光影，是那阳光下和暖的芦草，是那安详畅游在湖面的美丽的天鹅，是那低垂到湖上掠过天际的鹤影，是我心底最最青蓝的那片湖泊。

图书在版编目（CIP）数据

生长最美：想法/陈春花著. -- 长沙：岳麓书社，2022.6

ISBN 978-7-5538-1684-5

Ⅰ.①生… Ⅱ.①陈… Ⅲ.①人生哲学—通俗读物 Ⅳ.① B821-49

中国版本图书馆 CIP 数据核字（2022）第 093920 号

SHENGZHANG ZUI MEI：XIANGFA
生长最美：想法

著　　者：陈春花
主　　编：王贤青
责任编辑：李伏媛
监　　制：毛闽峰
特约策划：刘睿铭
策划编辑：张若琳
特约编辑：赵志华
特约营销：罗　洋　刘　珣　焦亚楠
封面设计：尚燕平
版式设计：李　洁
岳麓书社出版
地址：湖南省长沙市爱民路 47 号
直销电话：0731-88804152　88885616
邮编：410006
2022 年 6 月第 1 版　2022 年 6 月第 1 次印刷
开本：680mm×955mm　1/16
印张：20.75
字数：249 千字
书号：ISBN 978-7-5538-1684-5
定价：68.00 元
承印：三河市天润建兴印务有限公司

若有质量问题，请致电质量监督电话：010-59096394
团购电话：010-59320018